AF349343

GPS y Google Earth en Cooperación

Cómo crear, compartir y colaborar con mapas en la red

Primera Edición.
Junio 2012.

Santiago Arnalich
Julio Urruela

GPS y Google Earth en Cooperación

Cómo crear, compartir y colaborar con mapas en la red

Primera Edición.
Junio 2012.

ISBN: 978-84-615-0848-8

© **Arnalich. Water and habitat**

Reservados todos los derechos. Puedes fotocopiar este manual para tu uso personal si tu situación económica no te permite comprarlo. En caso contrario, considera apoyar estas iniciativas comprando una copia.

Si deseas utilizar parte de los contenidos de este libro,
ponte en contacto con nosotros en publicaciones@arnalich.com.

Fe de erratas en: www.arnalich.com/dwnl/xgoops.doc

Depósito Legal: M-30714-2011

arnalich
water and habitat

AVISO IMPORTANTE: La información contenida en este libro se ha obtenido de fuentes verosímiles y respetadas internacionalmente. Sin embargo, ni Arnalich w&h ni los autores pueden garantizar la exactitud de la información publicada aquí y no serán responsables de cualquier error, omisión o daño causado por el uso de esta información. Se entiende que se está publicando información sin un propósito particular y que en ningún caso intentando proporcionar servicios profesionales de cartografía. Si se requieren estos servicios, se debe buscar la asistencia de un profesional adecuado.

A Aldara y a su abuela.

Agradecimientos:

Queremos manifestar nuestro *agradecimiento* a quienes, directa o indirectamente, contribuyeron al resultado de este libro, especialmente a:

- Loreto Romeral por sus exploraciones iniciales para su trabajo de fin de curso experto ASCHI.
- Amelia Jiménez por la paciencia con las revisiones.
- Federica Bonvin por prestarse para las fotografías.
- Adam Schneider por la creación y la dedicación a GPSvisualizer.
- Carlos Velasco (www.ingenieria-velasco.es), que nunca falla.

Índice

3. Crear   **75**

4. Compartir   **105**

5. Colaborar   **111**

Sobre este libro

Este libro pretende darte las nociones necesarias para que puedas documentar y comunicar lo que sucede en el terreno de una manera eficaz después de una lectura de un fin de semana, quizás dos.

Muchas cosas cambiarán, surgirán nuevas maneras, nuevos programas… No nos hemos propuesto que sea un manual de ultimísima generación ni de uso de un programa en concreto, sino que te pedimos que **te concentres en el proceso de crear, compartir y colaborar**, y cómo puede ser útil a tu causa.

Se ha pretendido que sea:

> **99 % libre de grasa**. Sin explicaciones meticulosas o demostraciones interminables. Sólo se ha incluido lo que vas a necesitar.

> **Simple**. Una de las causas frecuentes de fracaso es que la complicación y el exceso de rigor acaba intimidando y se dejan cosas sin hacer. Aun a riesgo de caer en el insulto, las explicaciones no dan casi nada por obvio.

> **Cronólogico**. Sigue aproximadamente el orden lógico en el que harías el proyecto.

> **Práctico**. Con abundantes ejemplos.

> **Autocontenido**. Con este libro, un GPS y un ordenador conectado a internet ya tienes todo lo que necesitas.

Manteniendo las cosas simples dispondrás de una manera sencilla, rápida y eficaz para comunicarte y colaborar dentro y fuera de tu organización con personas como tú, con un interés en lo que ocurre pero sin disponibilidad para herramientas más exigentes.

En este sentido, el contenido de este libro se plantea como **el hermano menor de un Sistema de Información Geográfica**, con las funcionalidades más básicas de estos pero sin necesidad de programas especificos, grandes conocimientos o laboriosos aprendizajes.

Aireando un SIG

Una de las limitaciones principales de los Sistemas de Información Geográfica (SIG) es que acaban restringidos a una pequeña *élite* de personas que los manejan y canalizan las peticiones del resto.

Esta élite frecuentemente está saturada de peticiones, puede tener más o menos paciencia y generalmente hay que visitarla físicamente en lugares lejanos para poder obtener información, ya que publicar la información de un SIG al uso en una web no es una tarea sencilla. A veces incluso, las personas y organizaciones desarrollan una especie de síndrome de territorialidad sobre los datos que tienen.

En cualquier caso, es muy probable que no esté recogiendo todos los datos que tú necesitas con lo que, aunque su información te es útil de una manera general, no te resuelve el problema de mostrar tus datos.

Al usar un sistema basado en la web y de fácil aprendizaje como Google Earth se fomenta, entre muchas otras cosas:

- La **participación** de cooperantes, instituciones y beneficiarios en la recopilación y en el análisis de información sin intermediarios.

- La **transparencia** con una herramienta en la que se puede ver el estado de las cosas e informar al público de una manera participativa.

- La creación de conciencia en la **opinión pública**. Un ejemplo es la capa sobre el genocidio en Darfur del Museo del Holocausto de Estados Unidos que puedes descargar aquí:

  www.ushmm.org/maps/crisisindarfur.kmz

Cómo está organizado este libro

1. **Es progresivo**. Los ejercicios siguen el orden lógico pero eres libre de utilizarlo cómo mejor te parezca sabiendo que si sigues el orden planteado probablemente te rascarás la cabeza menos.

2. Tiene **contenido online**. Para descargarlo puedes irlo haciendo progresivamente a lo largo del libro o todo de un tirón en este enlace:

   www.arnalich.com/dwnl/goops/contenido.zip

3. Tiene **avisos**:

¡ATENCIÓN!   Con este símbolo se señalan los errores más frecuentes para evitar que "te exploten en las narices".

¡OJO, GRAN PÉRDIDA DE TIEMPO!   Como en todos los programas informáticos y la vida misma, es muy fácil empantanarse haciendo trabajo basura que hará "que se nos suban encima los caracoles".

4. Tiene **rutas** con esta pinta: "> Herramientas/ Opciones". La barra oblicua indica que hay un salto en el menú, de manera que esa ruta es equivalente a pinchar "Herramientas" en el menú general y "Opciones" en el que se despliega:

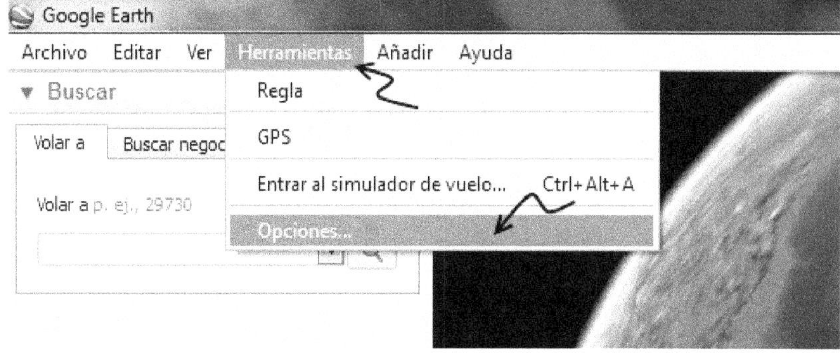

5. Tiene **símbolos** para facilitar la lectura:

¡Descarga necesaria! Para hacer la tarea propuesta necesitarás descargar el archivo propuesto.

Pequeños apuntes de **teoría necesaria** u observaciones útiles.

6. La versión impresa tiene que ser en **blanco y negro**, desafortunadamente el color viene a un precio prohibitivo. Sin embargo, puedes ver las imágenes en color buscando el libro en Google Books, donde estará a texto completo gratuitamente.

Qué necesitas

Para hacer las cosas que te proponemos aquí necesitas:

- Acceso a un **ordenador** y un conocimiento básico que te permita desenvolverte.

- Acceso a **internet**, por lo menos de cuando en cuando, para poder transformar los ficheros con GPSvisualizer y publicar tus mapas. Aunque existen formas de trabajar sin conexión con algunos programas como KMLCSV o CSV2KML, es con la distribución en internet y la colaboración que se saca todo el provecho a los mapas.

- Un poco de **inglés**, o un **traductor** y algo de sentido del humor para poder usar GPSvisualizer, qué sólo está disponible en inglés. Uno a modo de ejemplo lo puedes encontrar en:

  http://translate.google.com

- Un **GPS** y un **cable de conexión** para transferir los datos al ordenador.

1

Google Earth

Presentando Google Earth

En este libro usamos Google Earth. Nos parece una buena elección porque es gratuito, sencillo de aprender y utilizar, está disponible en muchos idiomas y es casi universal.

La calidad de las imágenes satélite es muy buena y mejora continuamente. Además, desde el huracán Katrina, Google Earth tiene una tradición de renovar y mejorar las imágenes de una zona después de un desastre en cuestión de días.

Aunque tiene una versión Pro, gratis para ONGs tras cierto papeleo, las versiones Gratuita y Pro usan las mismas imágenes satélite y comparten las mayoría de funciones útiles. Para todo lo descrito en este manual, con la versión gratuita es suficiente.

Esta es la pinta que tiene el programa:

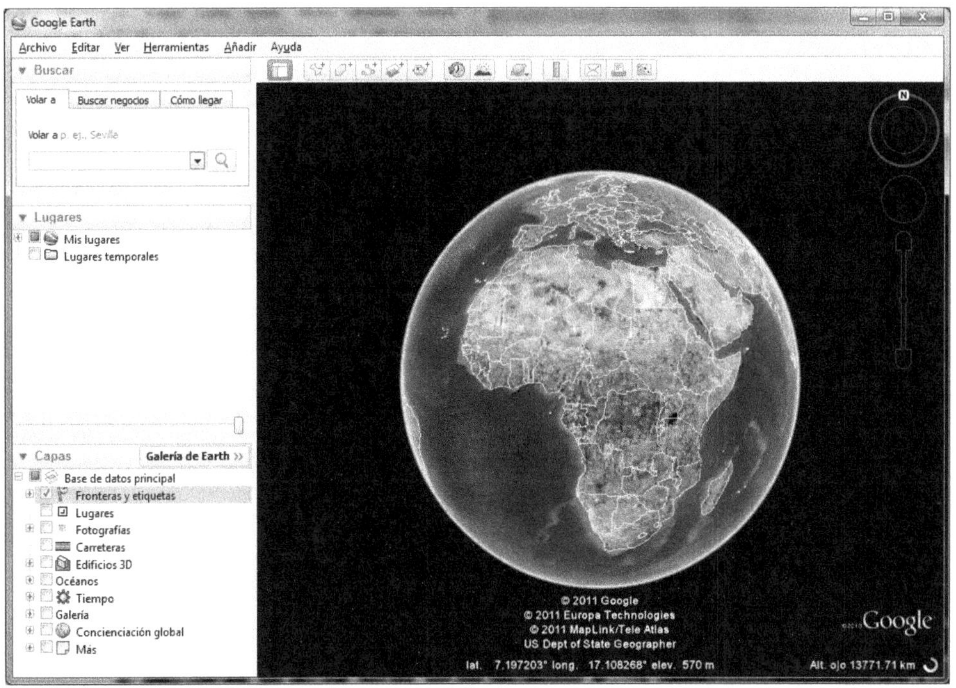

En la próxima sección podrás descargarlo y en la siguiente empezar a navegar algún mapa real.

Descargando e instalando Google Earth

1. Descarga el programa en Castellano en:

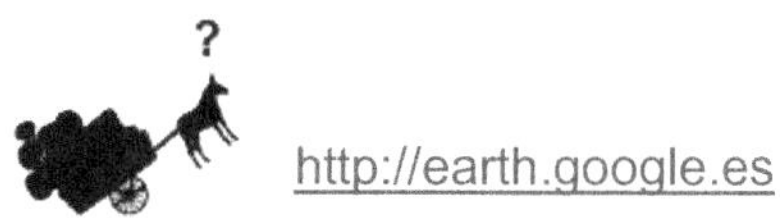

http://earth.google.es

2. Una vez allí, busca el botón de la descarga:

3. Para descargarlo, no es necesario instalar Google Chrome ni ningún otro programa. Si no los quieres, quita las marcas en las casillas de la página cuando te las ofrezcan. Pulsa Aceptar y descargar para iniciar la descarga:

4. Si tu navegador te da la opción de ejecutar la descarga hazlo, en caso contrario tendrás que buscar el archivo GoogleEarthWin en tu carpeta de descargas y pincharlo dos veces para ejecutarlo:

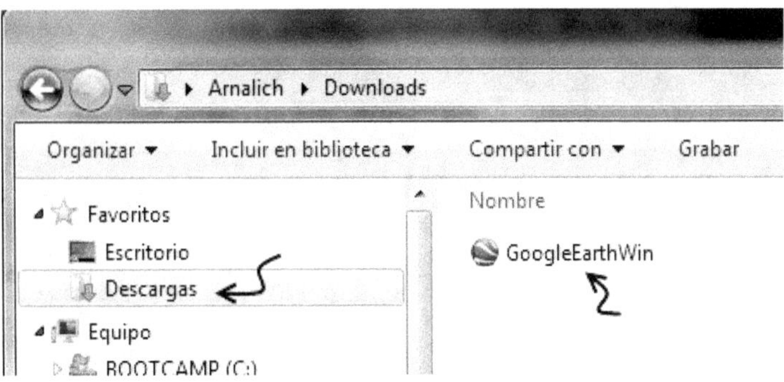

5. Pulsa instalar en el cuadro:

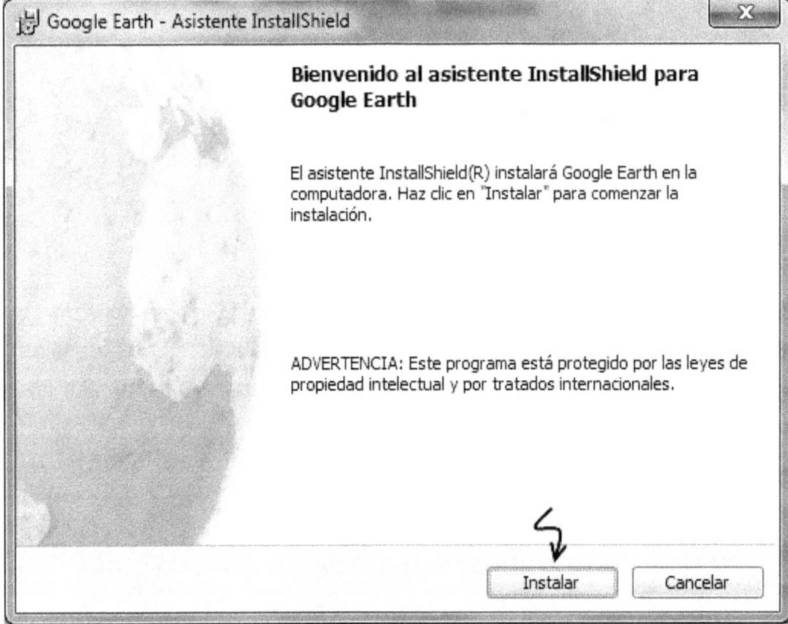

6. Después de una serie de barras de progreso aparece el cuadro de instalación finalizada. Si marcas la casilla Ejecutar Google Earth el programa se abre al pulsar Finalizar:

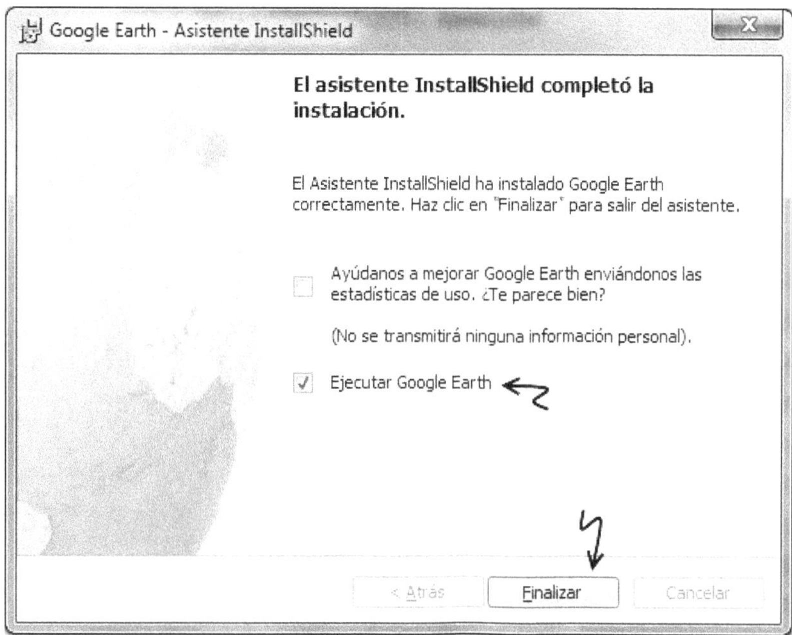

Para abrirlo después (en Windows) pulsa el botón de inicio (flecha blanca), busca entre los programas la carpeta de Google Earth y picha sobre Google Earth:

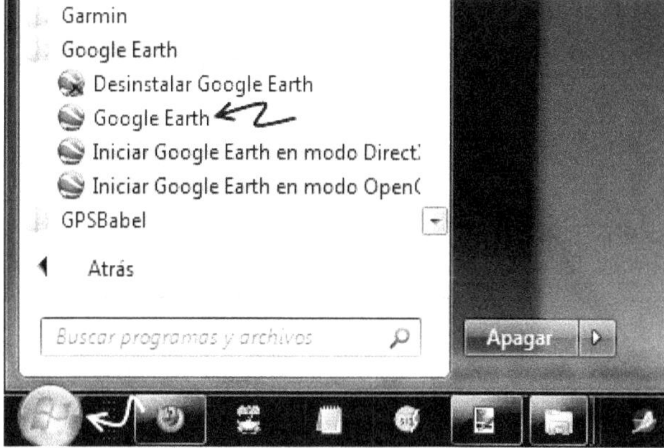

7. Deja el programa abierto para la próxima sección donde se ve la navegación básica en Google Earth.

Manoseando el globo terráqueo

Cuando abres Google Earth, además del globo, aparecen los Controles de Navegación en la esquina superior derecha, que van a permitirte ir de un sitio a otro, aumentar el zoom e incluso ver las cosas en tres dimensiones.

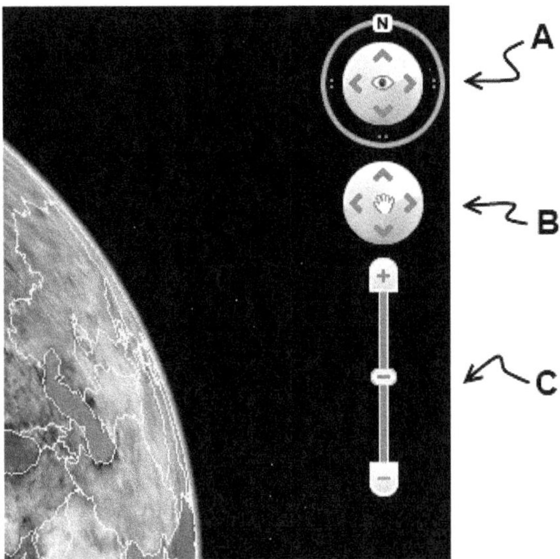

El **Control de dirección y 3D** (A), te permite orientar el globo. Para ver a qué nos referimos, pincha sobre la N y sin soltar arrástrala alrededor del control hasta completar una vuelta:

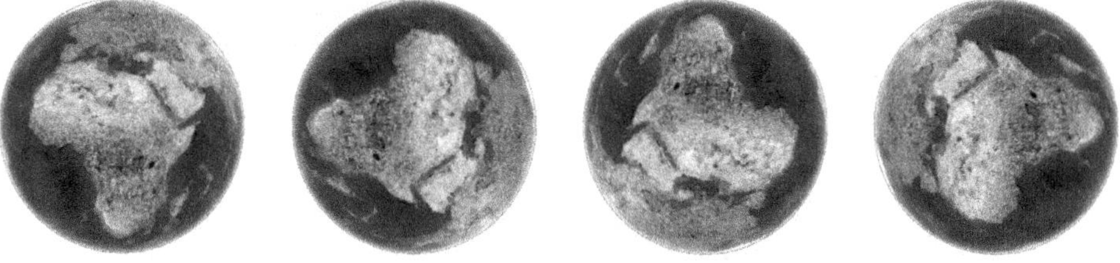

Pinchando en la N, el norte vuelve automáticamente a la parte superior de la pantalla.

Con las flechas verticales de este control se consigue ver el relieve en 3D. La flecha superior, por ejemplo, hace el mismo efecto que si levantaras la vista desde el suelo progresivamente hasta el horizonte. Al mirar el suelo desde arriba ves las cosas planas. Al levantar la vista vas tomando un ángulo y aparece el relieve, por ejemplo, de las Islas Canarias dibujándose contra el horizonte:

Las flechas horizontales hacen girar la imagen como si te estuvieras dando la vuelta.

Las flechas del **control pan** (B) corren el mapa de hacia los lados o hacia arriba y abajo sin cambiar el ángulo vertical o girar.

El **Control de Zoom** (C), hace justo lo que te estás imaginando. Puedes pinchar sobre los signos + y − o arrastrar la barra.

Pero la forma más rápida de determinar lo que ves es dando manotazos al globo como si fuera un globo terráqueo. Para ello "agarra" el globo pinchando con el ratón sin soltar, y arrástralo a tu antojo. Aunque al principio los manotazos lo mueven descontroladamente y puede ser algo desconcertante, pronto lo moverás a tu antojo con gran rapidez.

Un ejemplo de mapa online

Mapas de puntos/propiedad

Es uno de los mapas más comunes y útiles, en los que el punto marca la posición y su tamaño, color, tipo de icono, etc. se hace depender de alguna propiedad: si es verde el agua de un pozo está sucia, si es rojo su bomba está rota o si es blanco está en perfecto funcionamiento.

Este es el código de colores de este mapa de Haití[1] que vas a utilizar muy pronto en el primer ejercicio:

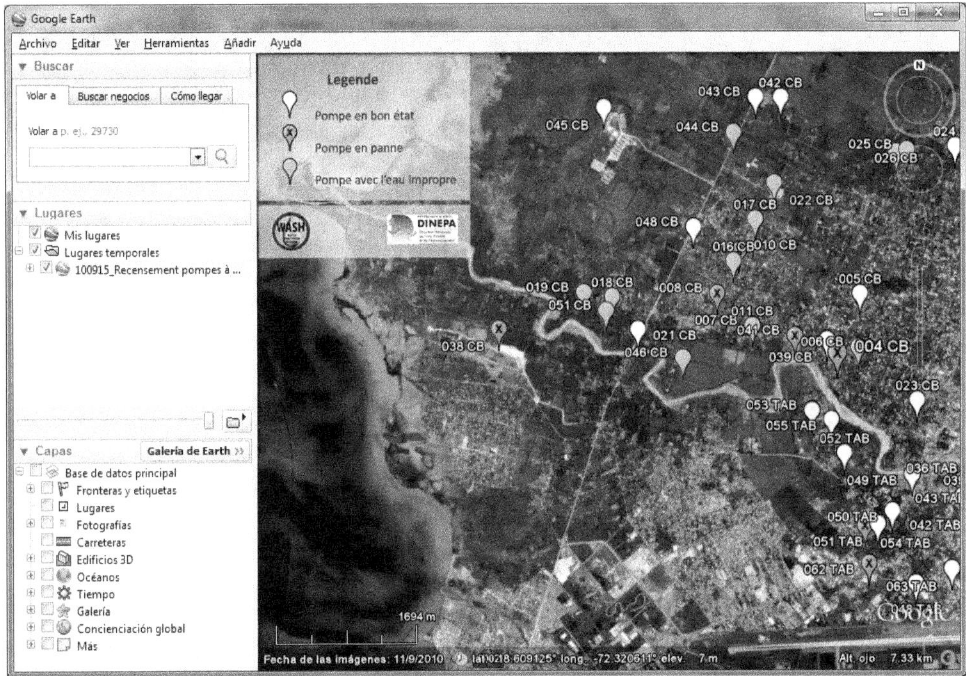

De un solo vistazo, ya podemos hacernos una idea del estado general y dónde se concentran los problemas lo que sería mucho más difícil estudiando un listado. Como cada vez tenemos menos tiempo y la atención más dividida, **comunicarse mediante mapas es fundamental para que el mensaje no pase desapercibido**.

Ya habrás imaginado que también hay mapas **líneas-propiedad** (ej., estado de carreteras: transitable, cerrada…) o **polígonos-propiedad** (ej., usos del suelo: agrícola, industrial…).

---

[1] *KMZ elaborado por el WASH Cluster Haiti 2010.*

Abriendo un fichero Google Earth

Abre el fichero KMZ con el estado de los pozos en Haití.

1. Descarga el fichero aquí:

2. Para abrirlo puedes pinchar sobre el fichero y se abrirá Google Earth con el fichero cargado:

Alternativamente, puedes abrirlo desde el programa si ya lo tenías abierto, desde el menú Archivo / Abrir:

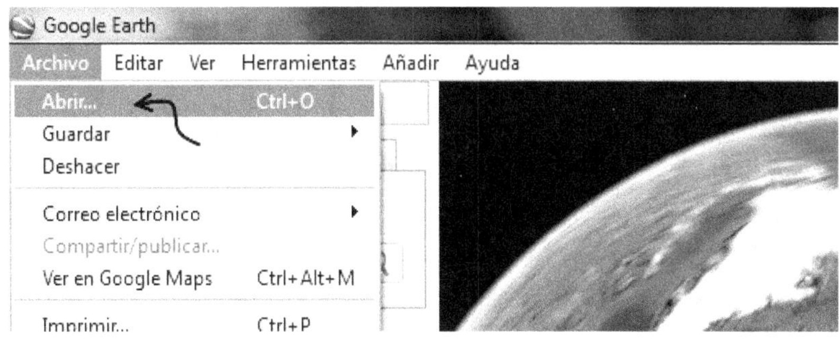

Observa que el fichero aparece cargado en el recuadro Lugares. Este cuadro crea una tabla a modo de índice de toda la información que vayas cargando:

Observa que aunque el fichero se llama pozos, puede llevar un nombre distinto cuando se carga en Lugares.

3. Aprovecha para enredar con los controles de navegación si no lo hiciste en el apartado Manoseando el globo terráqueo.

¿Capas o Mapas? Pelando la cebolla

Imagina que además del estado de los pozos quieres ver dónde están los campamentos provisionales de desplazados, para priorizar la reparación de los puntos de agua más cercanos. Puedes cargar un segundo archivo[1] para que se vean conjuntamente:

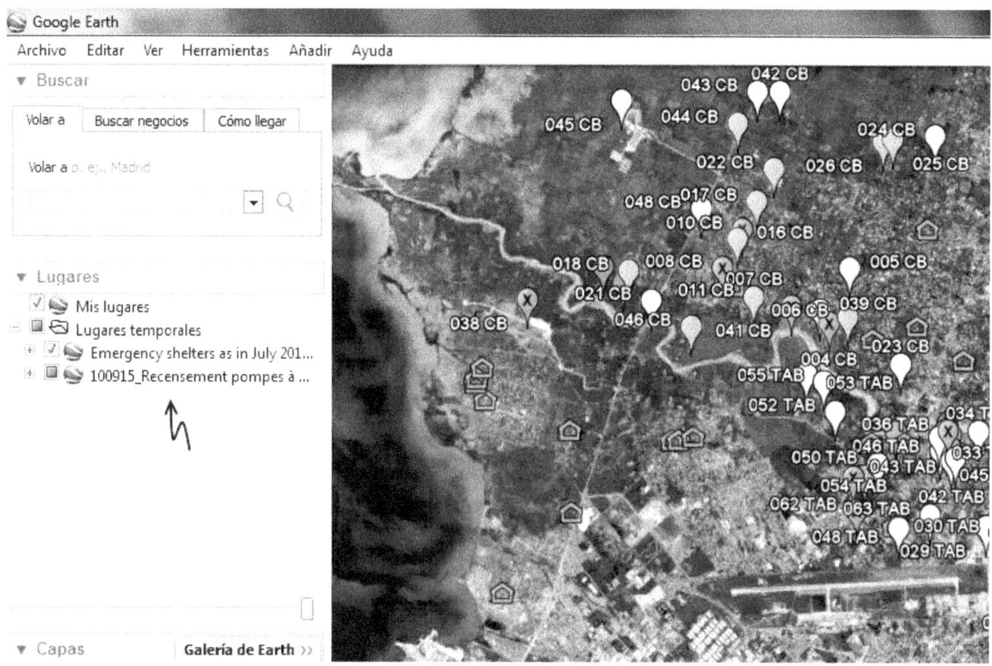

El nuevo archivo se coloca encima del anterior como una lámina transparente sobre la que se han dibujado los puntos. Puedes ir añadiendo información a base de láminas transparentes superpuestas (**capas**) hasta que crees el **mapa** con lo que necesitas.

---

[1] *KMZ elaborado por el WASH Cluster Haiti 2010.*

Activando y desactivando capas

Crea un mapa que muestre datos de los campos de refugiados, oculte la información de hospitales y muestre solo los pozos de la zona de Croix des Bouquets sin la leyenda.

1. Abre Google Earth si lo cerraste.

2. Carga la capa con los pozos como hiciste en el ejercicio 1, > Archivo/ Abrir.

3. Descarga las 2 capas restantes:

www.arnalich.com/dwnl/goops/campamentos.kmz
www.arnalich.com/dwnl/goops/hospitales.kml

4. Carga las dos capas que acabas de descargar.

Observa que si mantienes pulsada la **tecla ctrl**, puedes seleccionar varias capas a la vez, en lugar de abrir una a una todas las que necesites. Si la lista de capas es muy larga, también puedes pinchar la primera de ellas, pulsar la **tecla de mayúsculas** ↑, y después pinchar la última. Todas las capas que hayas seleccionado así aparecerán sombreadas:

Después de haber cargado las capas, tendrás en el recuadro Lugares un índice como este:

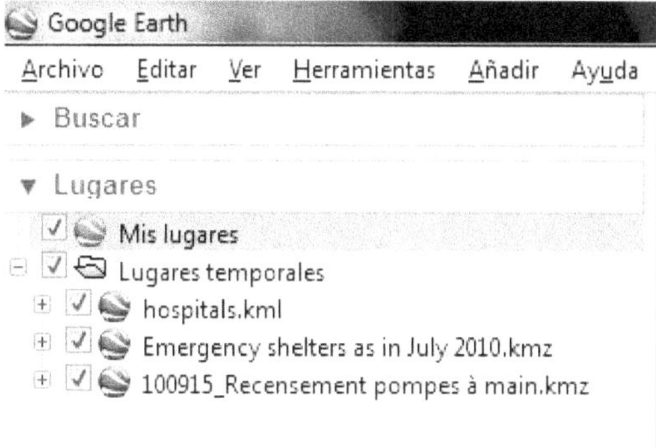

5. Haz invisible la capa Hospitales.kml pinchando sobre el cuadro hasta desmarcarlo:

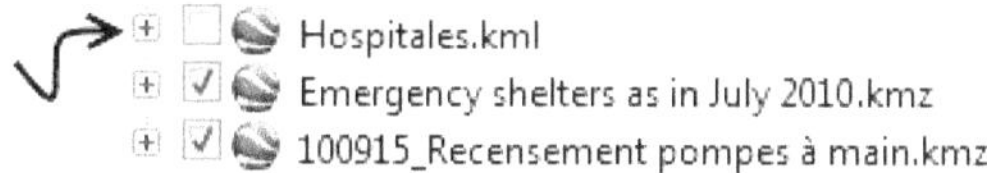

6. Para ver solo partes de la capa de pozos hay que desplegarla para ver que contiene. Para hacerlo, pulsa el signo + a su lado:

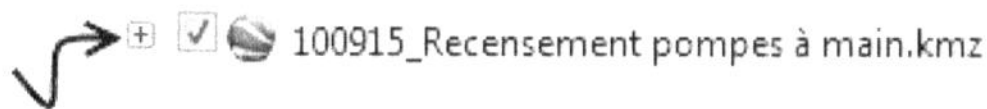

7. Una vez desplegado, ya puedes desactivar contenido para que muestre solo los pozos de la zona de Croix des Bouquets sin la leyenda. Deberías tener las casillas como estas:

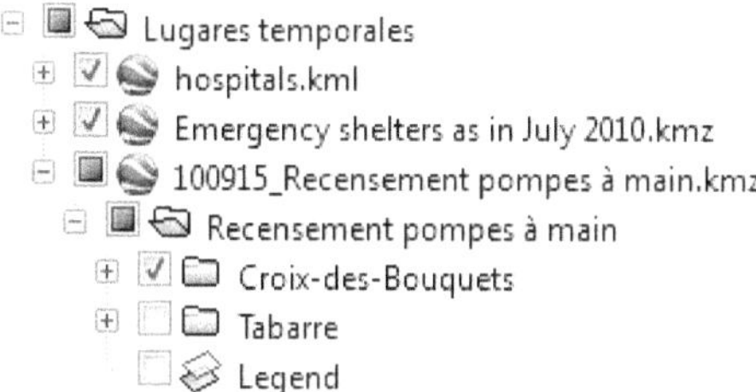

Observa que las capas que muestran solo parte de su información aparecen rellenas en azul.

No cierres el programa para evitar tener que hacerlo otra vez.

Guardando y comprimiendo capas

Guarda el KML de hospitales como KMZ.

Antes una pequeña explicación:

Hay dos tipos de archivos que puedes usar en Google Earth:

- **KML** son los ficheros normales, escritos en un lenguaje muy similar al html de las páginas web para que sea fácil de modificar.

- **KMZ,** que es la abreviatura de KML-Zipped, es el mismo fichero pero comprimido. Así toda la información personalizada que pueda ir con el fichero KML (iconos personalizados, imágenes superpuestas, etc.) se incluye en un único paquete.

1. Desde el ejercicio anterior, pincha con el botón derecho sobre la capa de hospitales y elige Guardar lugar como:

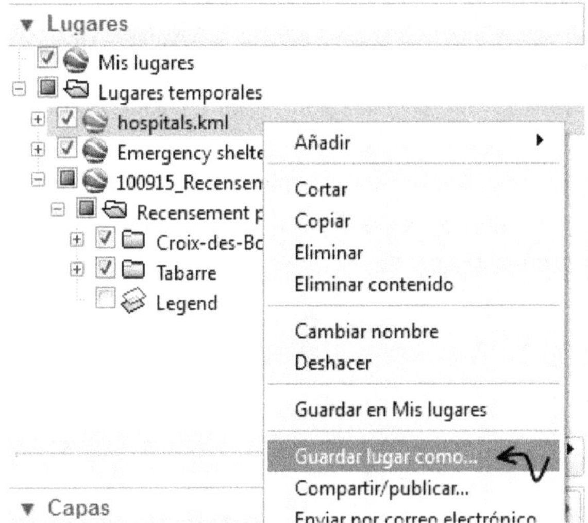

2. En el menú que se abre, escribe hospitales2 como nombre y selecciona en Tipo, Kmz, pinchando encima:

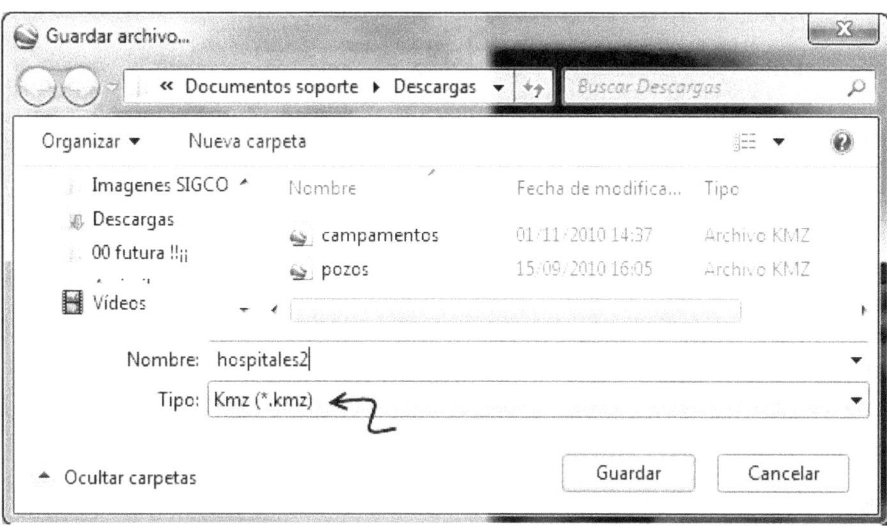

3. Ve a la carpeta donde se ha guardado y observa la diferencia de tamaño entre el nuevo archivo y el anterior en Kml:

 El archivo que has grabado es 20 veces más pequeño. Cuando la conexión a internet es muy precaria el tamaño es importante. Recuerda también que si quieres colaborar con otras personas, no todos necesariamente tienen la misma conexión que tú.

Añadiendo puntos, líneas y áreas

Añade un punto, averigua el perfil topográfico de un camino y señala una parcela agrícola.

1. Abre Google Earth y navega hasta cualquier lugar que te parezca. El lugar no es importante para el ejercicio.

2. Para añadir un punto, pulsa el icono que se parece a un chincheta y luego en el punto de la pantalla en que quieras añadirlo:

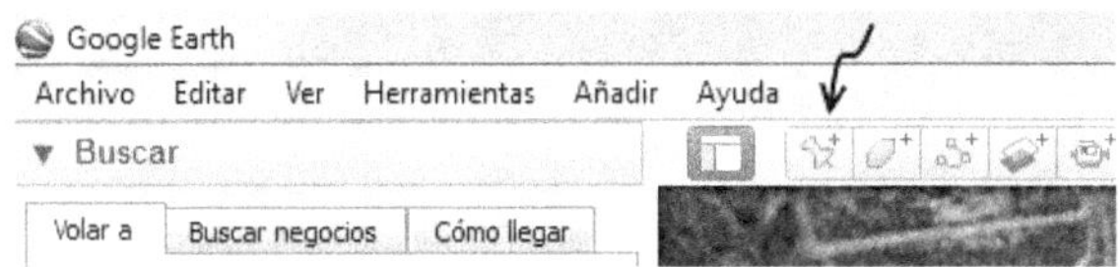

La marca que aparece puede arrastrarse desde un lado a otro hasta que la aceptes.

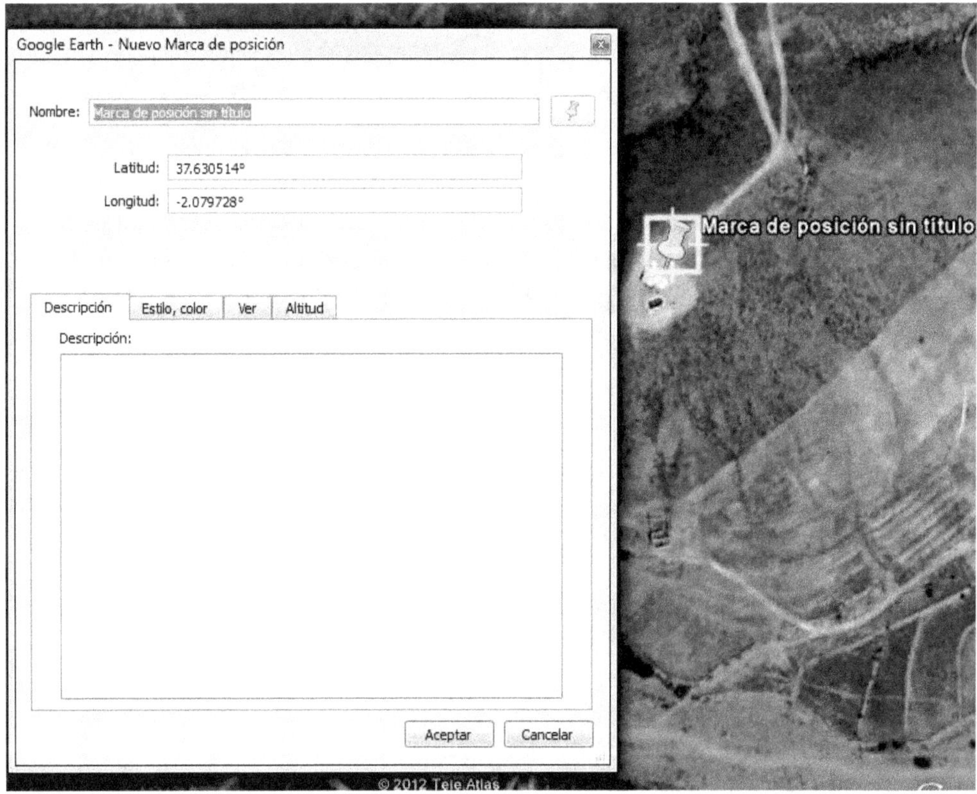

Puedes elegir otros símbolos en el diálogo que aparece, pulsando nuevamente la chincheta al lado del campo nombre. También puedes cambiar el color, añadir descripciones, etc.

3. Pulsa ahora el icono de la ruta:

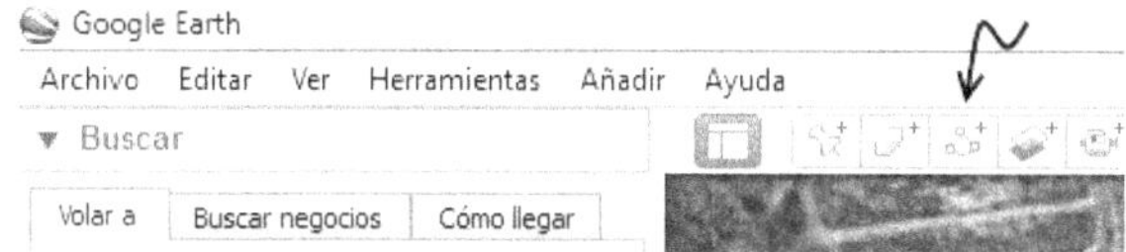

4. Pulsa puntos consecutivos que definen una línea cualquiera y pulsa aceptar cuando quieras terminar:

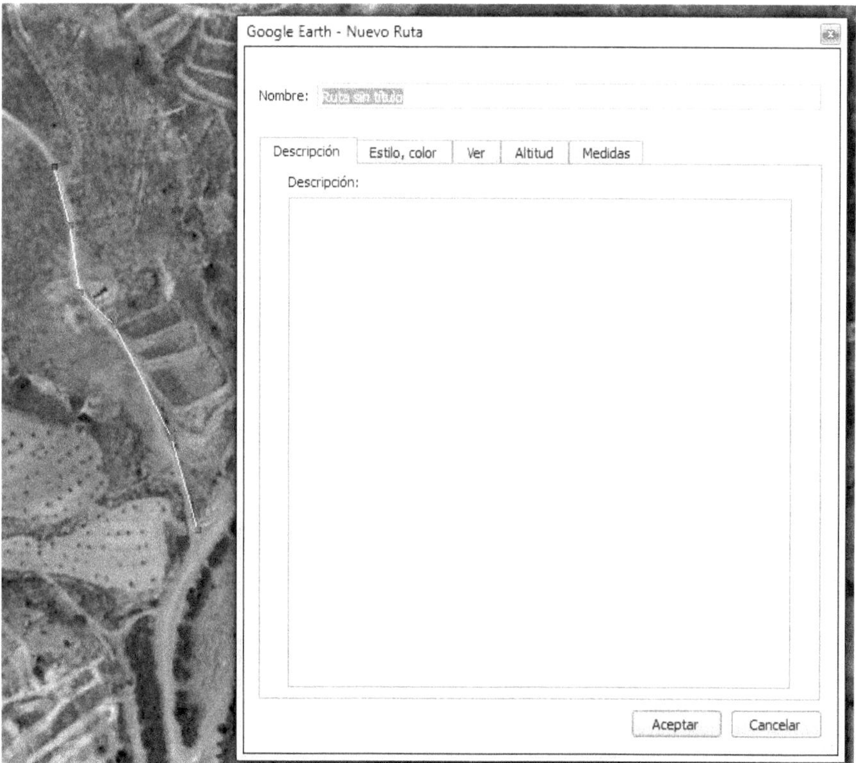

5. Observa que tanto el punto como la ruta se han añadido a la tabla de lugares. Pincha sobre la ruta con el botón derecho y selecciona Mostrar perfil de elevación:

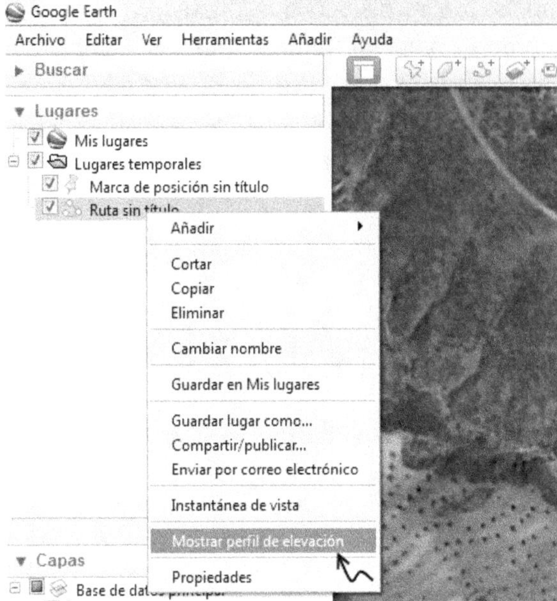

El resultado será similar a este. Puedes mover el cursor para obtener información del punto en concreto que señala la flecha roja:

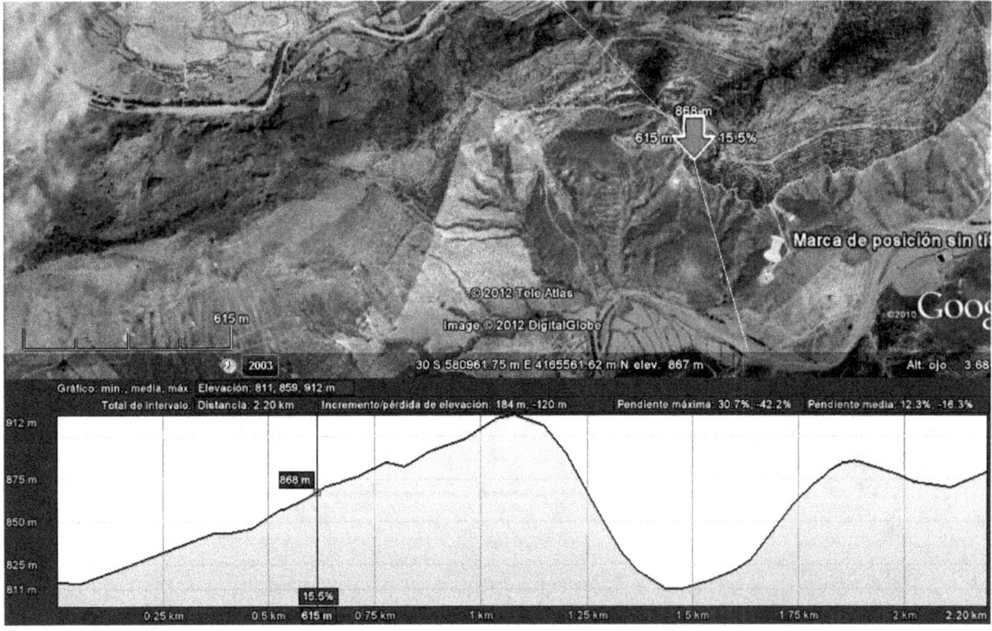

Recuerda que la precisión de estos perfiles no es suficiente para muchos trabajos de ingeniería, por ejemplo, para planificar sistemas de agua potable.

6. Pincha sobre el icono de áreas:

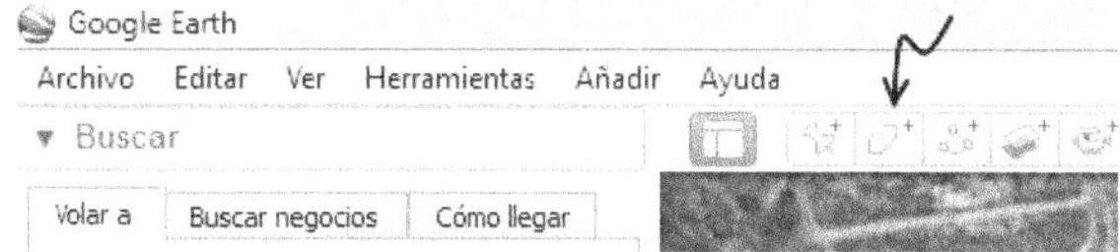

Esta función funciona de manera parecida al juego de cometerrenos de los niños, es decir, cada vez que pinches en algún sitio añadirá un triángulo al área. Para evitarte líos, pincha sobre los puntos que serán el borde el área en sentido de las agujas del reloj o al contrario, pero siempre en el mismo sentido:

7. Puedes añadir transparencia y color en la pestaña Estilo, color:

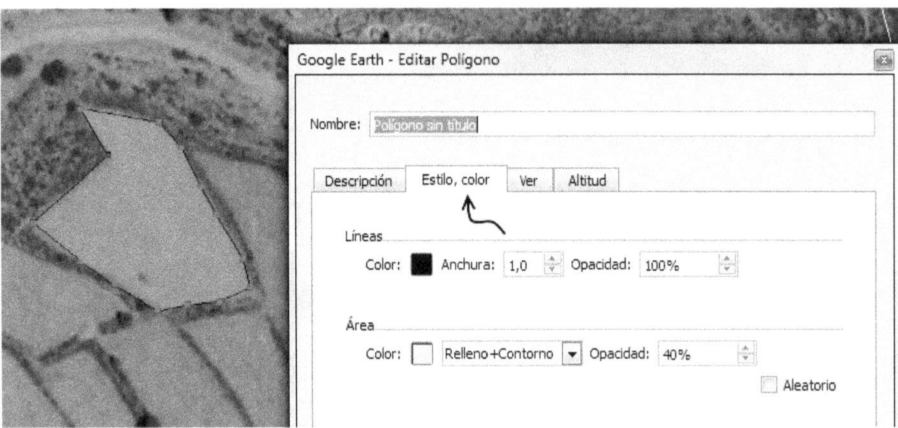

Aprovecha y trastea con el resto de botones para buscar opciones que te puedan ser útiles. Por ejemplo, con el reloj puedes conseguir imágenes de distintos años. Comparándolas entre sí puedes ver la evolución en el tiempo de la deforestación, contar casas para averiguar la tasa de crecimiento de una población o simplemente evitar la ocasional nube que te impide ver tu zona de trabajo.

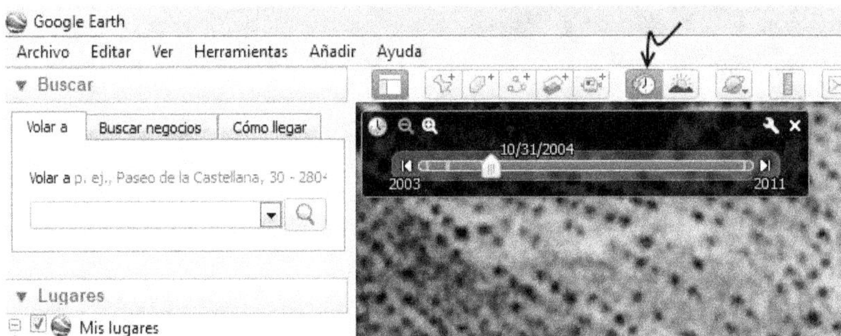

2

GPS y coordenadas

¿Qué es un GPS?

Un GPS es un dispositivo que te permite conocer las coordenadas del lugar donde estás con gran precisión (alrededor de 3m para los convencionales). Su uso en sí mismo es más sencillo que el de un teléfono móvil simple. Aquí nos vamos a concentrar en que sepas lo que haces y le dejamos al manual explicarte su uso.

Sin un GPS estás limitado a la información que te proporcionen terceros o a intentar reconocer los lugares en las imágenes satélite de Google Earth. Esto es bastante impráctico y propenso a error en las ciudades y casi imposible en zonas abiertas. En un contexto de Cooperación al Desarrollo es altamente improbable que todos los datos que necesites estén disponibles y actualizados. En una emergencia imposible. ¡Necesitarás ser capaz de averiguar las coordenadas que te interesen por tus propios medios!

En la foto, se muestra un GPS de mano tradicional. Los modelos más sencillos como este Garmin etrex H cuestan en torno a los 100 dólares y tienen todas las funciones que puedes necesitar.

Aunque quizás tengas la tentación de optar por modelos muy complicados, usar uno sencillo con pantalla en blanco y negro que se ve muy bien a pleno sol, menus simples, poco gasto de pilas y poco llamativos de cara a robos es muy buena opción.

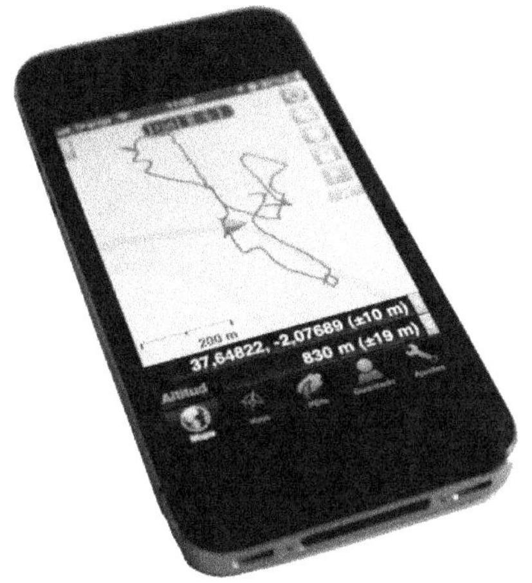

Muchos teléfonos inteligentes tienen ya el GPS integrado, lo que puede ser práctico en zonas con cobertura y telefonía a un coste y velocidad razonable para ver imágenes satelite, poder tomar fotos en lugares, anotaciones, etc. en el mismo aparato.

Con ellos, presta atención a que las tecnologías no acaben acaparando toda la atención, con un teléfono lleno de aplicaciones y distracciones que te impidan centrarte y levantar la vista para ver la realidad que quieres cartografiar.

Otra opción interesante para algunos usos son los relojes GPS deportivos. En la imagen se muestra uno conectado a una de las innumerables webs deportivas:

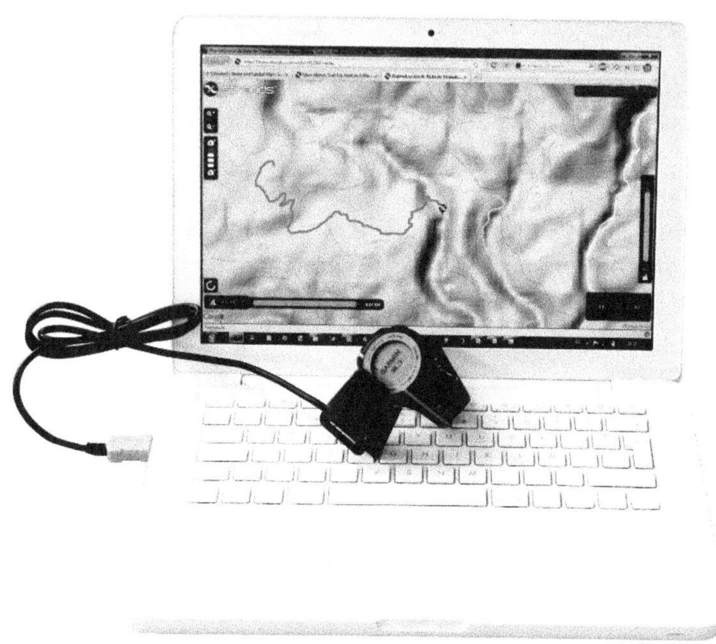

Con ellos, el trazado de rutas suele ser mejor, evitando tener un track muy fraccionado cada vez que se pierde momentaneamente la señal. Además, permiten calcular ritmos, velocidades medias, laps sin grandes engorros. Otra aplicación interesante es que calculan gastos cáloricos aproximados, lo que puede servir para hacer más visibles algunas dificultades que tiene la población frente a la frialdad y falta de expresividad de algunos estándares.

Por ejemplo, el manantial de Mamao en Haiti, está a menos de un kilómetro de la población (dentro de los estándares de la Union Europea) y en principio se hubiera dado por bueno:

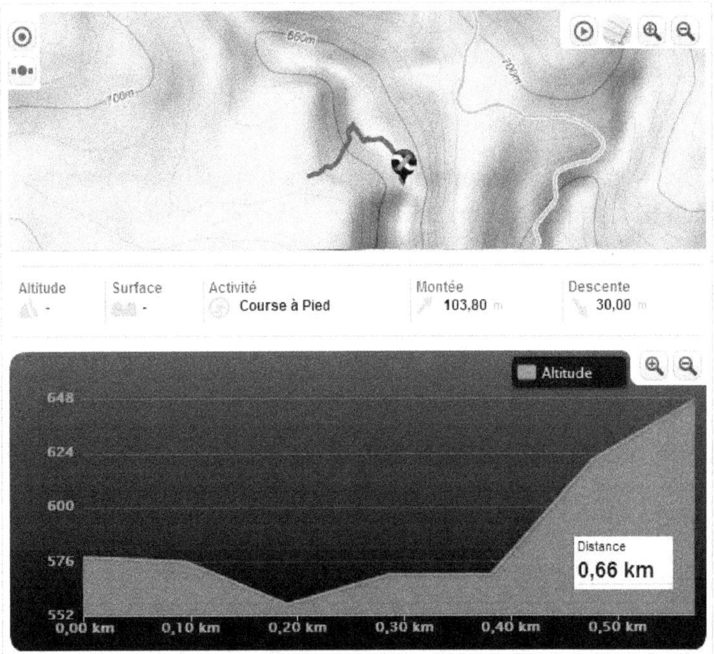

Añadir que el desnivel para recoger el agua es de 103m ayuda algo a hacerse la idea, pero decir que un viaje a por agua para uno de los niños que lo hacen a diario puede suponer aproximadamente el 25% de su ingesta calórica es mucho más revelador del problema, y permite romper barreras del tipo "mi organización ha priorizado aquí proyectos de seguridad alimentaria".

Volviendo a los GPS reloj, uno de sus principales problemas es que no suelen marcan puntos como tal, la única manera de marcar un lugar es marcar el inicio de un lap (averiguar las coordenadas del lap después es algo engorroso). Otro inconveniente es que no incorporan mapas.

Funcionamiento del sistema

La posición se calcula por triangulación respecto a una nube de satélites. Cada satélite emite una señal repetitiva que permite al GPS conocer la distancia que le separa del satélite. Nuestra posición puede ser cualquier punto de la esfera que forman los puntos que cumplen estar a esa distancia del satélite. Usando la señal de otros 2 satélites y la superficie de la tierra, se obtiene un punto único donde se cortan todas las esferas. Ese punto es nuestra posición. Cuantos más satelites se usen, más definido esta ese punto de corte y mayor precisión.

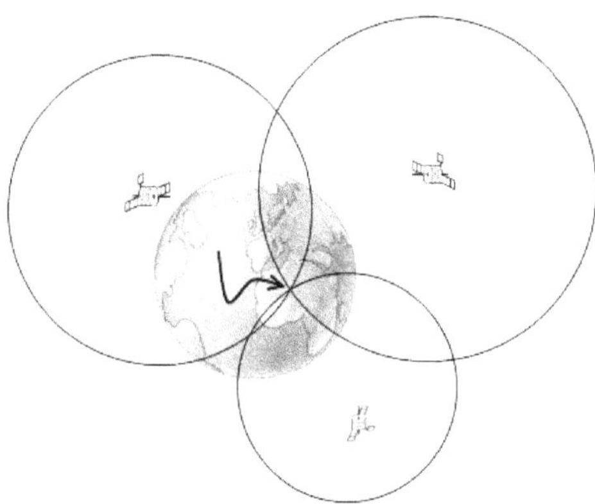

El sistema fue creado por el Departamento de Defensa de EEUU inicialmente para uso militar. Tras el derribo de un avión comercial con 269 pasajeros extraviado sobre espacio aéreo restringido en la Unión Soviética, quedó abierto para el uso civil.

Además, hay un sistema ruso (GLONASS) abierto para uso civil desde 2007, y un sistema europeo (Galileo) y otro chino (Compass) en desarrollo.

Tipos de datos que puedes recoger

Básicamente, todo lo que este ligado a una coordenada: la posición de objetos, el recorrido de caminos, las lindes de una parcela, etc. Una cosa importante a recordar:

Con un GPS tradicional, **no tomes en serio los datos de altitud** a pesar de que indique diligentemente un cifra (por ejemplo, 826 m como en la imagen de más abajo). Según la geometría de los satélites los errores pueden ser de hasta varios centenares de metros.

Si el GPS tiene bárometro, la precisión está en torno a un par de decenas de metros, lo que en cualquier caso no es muy útil salvo para hacerse una idea porque en internet puedes sacar las cotas con ese nivel de precisión de un modelo de elevación digital.

Puntos o waypoints: ¿dónde está…?

Cuando el GPS guarda un punto, lo que está haciendo es apuntar sus coordenadas para poderlo situar inequivocamente en cualquier mapa. Se trata de responder a la pregunta **¿dondé está...** (la maternidad, los pozos, las escuelas...)?

Marcar un punto consiste en colocarse en el lugar adecuado y simplemente pulsar un botón. El GPS entonces muestra las coordenadas y da una serie de opciones, como por ejemplo, cambiar el icono con que lo va a representar. Para evitar problemas de compatibilidad es mejor que los nombres tengan 6 o menos caracteres y que no uses tildes o signos no universales.

Nombrar puntos es generalmente una pérdida de tiempo, y la limitación a 6 caracteres hace que luego te acabes rascando la cabeza intentando averiguar que era MTND03[1]). Si además ha pasado tiempo o es otra persona la que lo recibe, ¡apaga y vámonos!

---

[1] *Maternidad 3*

Es mucho más práctico anotar el número del punto en una libreta junto con el resto de descripciones sobre el lugar como verás pronto.

Si nombrar puntos es generalmente una pérdida de tiempo, codificar algún tipo de información usando iconos tipo *la casa son hospitales, la cruz centros de salud, el esquiador…* es fracamente peligroso, porque puedes volver a tu ordenador después de una fatigante jornada de trabajo para descubrir que no te los reconoce y te coloca el icono por defecto en su lugar. Más importante aún si vas a compartir informacion con otros o utilizar varios programas que no son de la misma compañía.

Un ejemplo de uso para ilustrar los avisos es la imagen de más abajo. Tras el Tsunami de 2004 en Meulaboh (Indonesia) se tomaron los puntos clave en una red de agua y se anotaron los tipos de conexión y diámetros de tuberías para poder reconstruir un plano. Una vez situados en una foto aérea se podía ver por dónde iba cada tubería y reconstruir los planos perdidos en las riadas.

Observa que haber escrito el nombre a ciento y pico puntos hubiera requerido mucha inventiva y hubiera puesto a prueba la paciencia de cualquiera. Las etiquetas se hubieran apelotonado aun más. Simplemente seguir la numeración que te propone el GPS es mucho más rápido y te permite orientarte mejor porque sabes qué puntos tomaste y en qué orden.

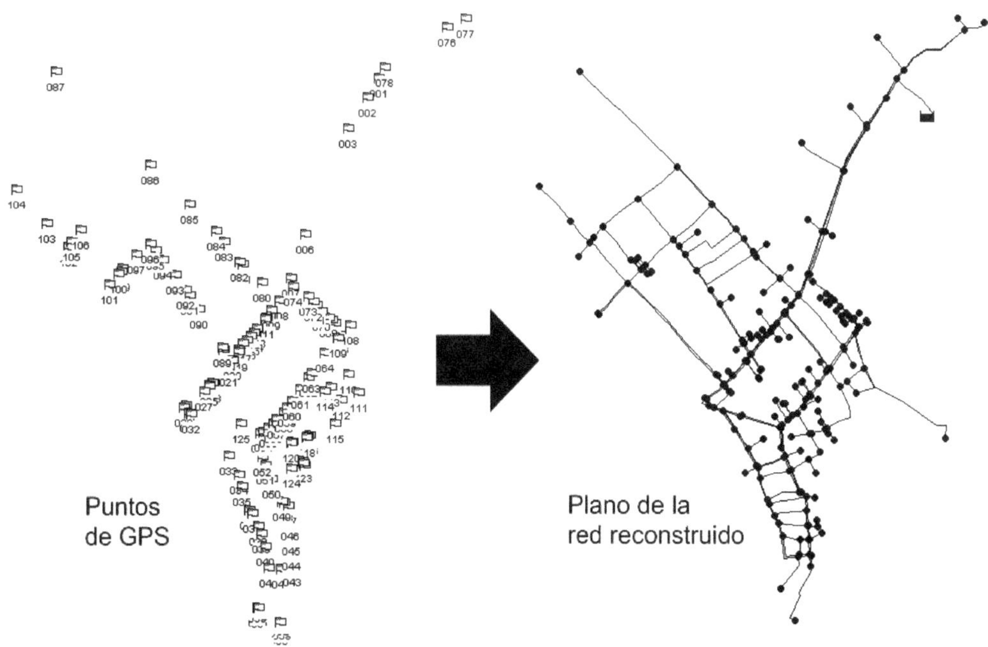

Observa también que si hubieras usado iconos para distinguir válvulas de tes, de codos, de fin de líneas y el ordenador no te los hubiera respetado, todo el trabajo se vuelve inútil.

En su lugar con el GPS simplemente se fueron tomado puntos mientras en la libreta anotaba el esquema de conexión según la memoria de los empleados.

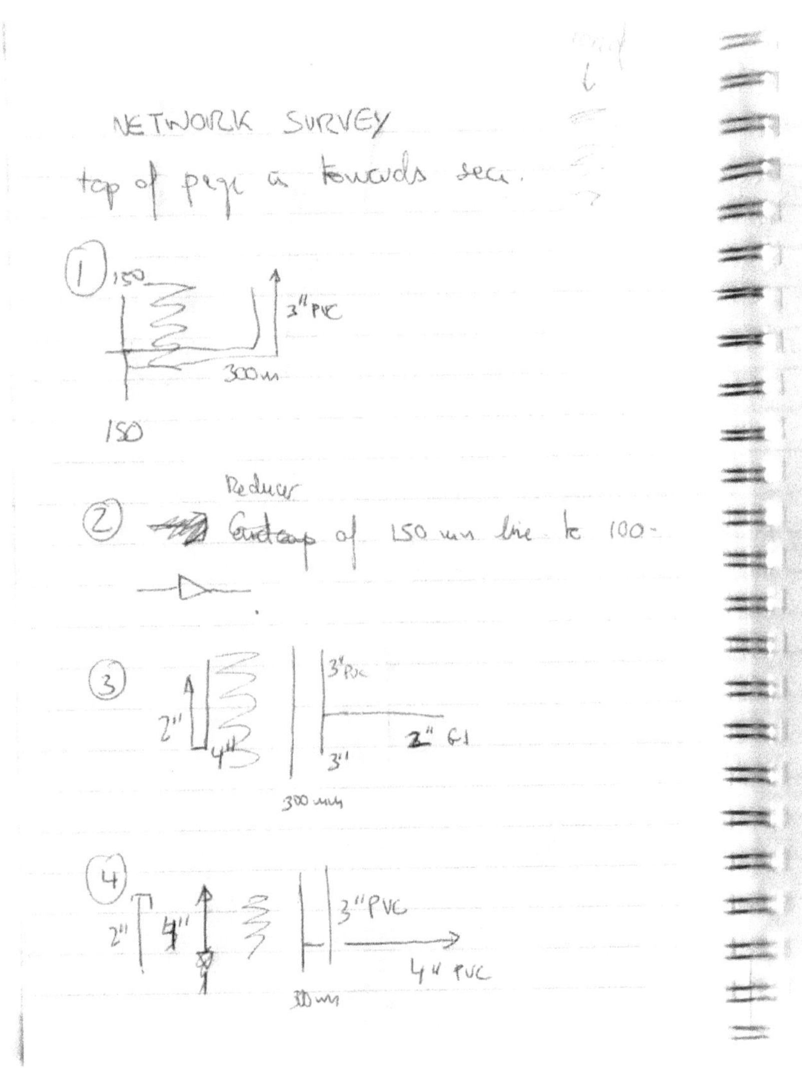

Rastros o Tracks: ¿por dónde...?

En una ciudad es sencillo ver que las tuberías siguen las calles, en un proyecto rural ya no es tan fácil.

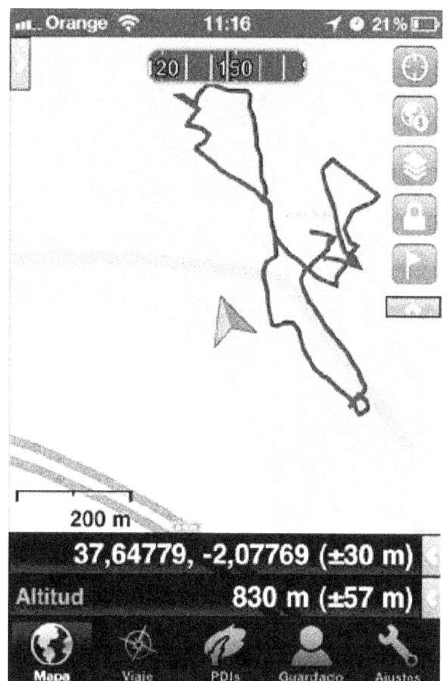

Cuando un GPS se enciende, automáticamente va guardando el camino por donde ha pasado, como Pulgarcito y su reguero de migas de pan. Los rastros son una sucesión de puntos tomados cada poco tiempo. Esto permite trazar el recorrido respondiendo a preguntas tipo ¿por dónde... (pasa la carretera, hemos ido al hacer una encuesta de salud, etc)?

En la imagen se muestra en trazo azul el track creado por el GPS de un teléfono inteligente.

Otros usos interesantes:

- Cerrando el recorrido permite también **localizar parcelas.**
- Permite averiguar **distancias reales** en función de recorridos, y no solo en linea recta.
- Trazando un camino puedes trazar en internet su **perfil topográfico aproximado**, como has visto en el ejercicio 4.

Los GPS tienen una memoria limitada. Aunque normalmente pueden almacenar puntos de sobra, con los tracks se llenan fácilmente. Una vez que la memoria está llena, suelen borrar con lo nuevo lo más antiguo, es decir, el final de la ruta borra el principio. Este comportamiento y la cadencia con la que se registran los puntos se suelen poder configurar.

Las rutas: ¿hacia dónde...?

Las rutas te permiten planificar en un ordenador un recorrido. Se marcan puntos en un mapa y luego se siguen las indicaciones del gps para encontrarlos.

Aunque son poco útiles para mapear, porque parten de algo ya cartografiado, si pueden ser muy útiles para planificar recorridos.

Una aplicación interesante es el trazado y recorrido de **transectos**. Un trasecto es una manera de observar y recoger datos siguiendo un camino predeterminado. En su manera más sencilla, se traza una línea y se observa la ocurrencia de algún fenómeno, por ejemplo, defecación al aire libre. Seguir una línea tiene varias ventajas:

- Se pueden establecer **gradientes** y direcciones predominantes es decir, si algo ocurre más o menos al avanzar en una dirección.

- Se pueden calcular facilmente **densidades**.

- Se aumenta la **imparcialidad y objetividad**, evitando que acabes tomando datos con un patrón absurdo por desconocimiento del terreno, que te lleven o te lleves a lo que quieren/quieres ver, o que simplemente vayas preguntando al lado de la carretera porque es mas cómodo.

Ya sean puntos, rutas, tracks o áreas, lo que un GPS finalmente maneja son coordenadas. En el próximo apartado se ven los dos sistemas de coordenadas más frecuentemente utilizados.

Proyecciones y coordenadas

En un mapa plano, no se pueden respresentar con exactidud áreas, ángulos y distancias a la vez. Uno de los tres se distorsiona al intentar *aplanar la tierra* para representarla en un papel. Este proceso de aplanar la tierra se llama **proyección**.

Lo que sí se puede hacer es elegir cúal de los tres valores es el que se distorsiona y en qué medida según la proyección que se utilice. Por ejemplo, cuanto más local sea una proyección menor distorsión se introduce porque hay menos *arruga que planchar*.

Coordenadas Geográficas (latitud/longitud)

Tienen esta pinta:

48° 03' 38" N   254° 21' 55" E

El origen de estas coordenadas es el centro de la Tierra. Imagina por un momento que allí hubiera un cañón y que en lugar de dar la posición de un punto quisiéramos dispararle. Podemos decir, gira el cañón 254° en el sentido de las agujas del reloj y súbelo 48° hacia arriba.

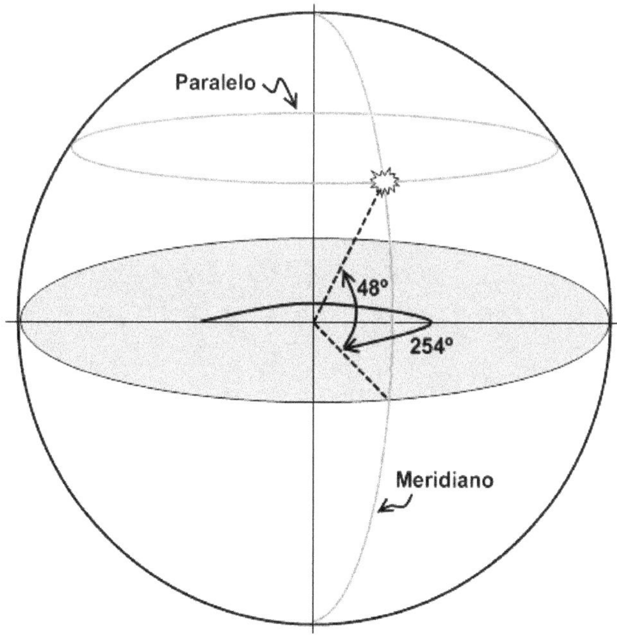

La **latitud** es el ángulo vertical desde el ecuador y la **longitud** el ángulo horizontal desde un meridiano arbitrario 0°, el meridiano de Greenwich. Por tanto, hay latitud Norte o Sur y longitud Este u Oeste. Como el camino es más corto hacia el oeste, 254° se suele expresar como 106° Oeste (360-254= 106° O). Otra forma es expresarlo simplemente como -106°.

La desventaja fundamental de la latitud y longitud es que usa grados, minutos y segundos, de manera que 60 segundos forman un minuto y 60 minutos un grado. Con este sistema de divisiones, calcular distancias no es directo. Así, aunque puedes situar dónde está el punto aproximadamente, es difícil determinar la coordenada precisa de un punto.

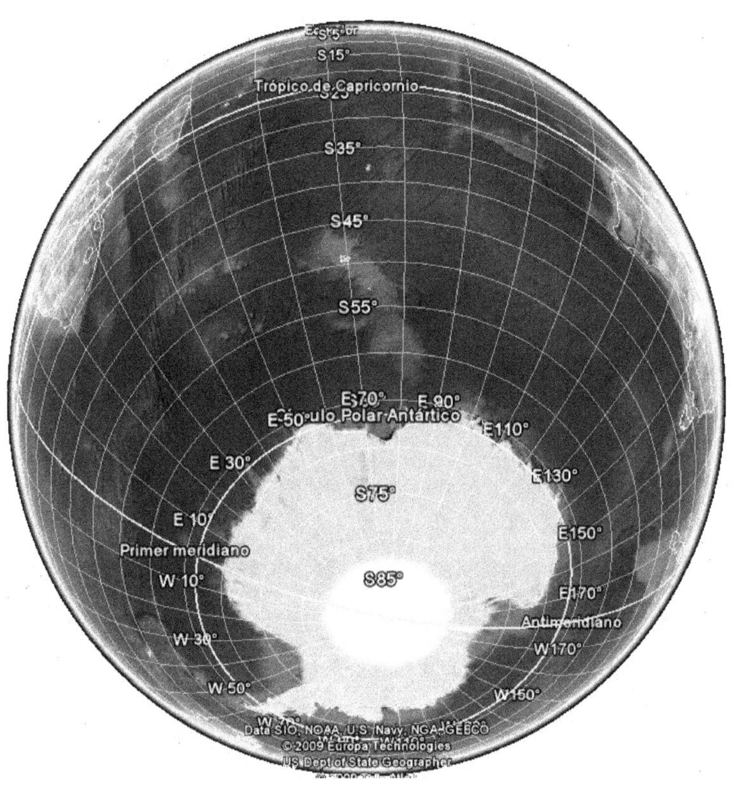

Coordenadas UTM

Tienen esta pinta:

26E 357641 9164532

El sistema de coordenadas UTM se basa en la proyección UTM, que proyecta los puntos sobre un cilindro que rodea la tierra. Luego ese cilindro se desenrrolla para obtener el mapa.

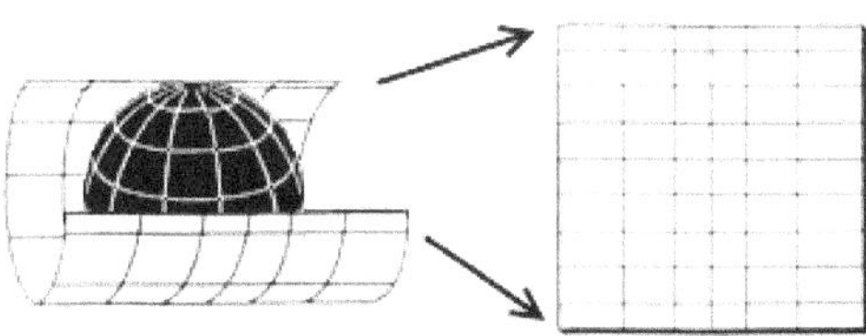

Proyección UTM

La cuadrícula se construye dividiendo en 60 tiras verticales (husos) y 20 horizontales (zonas). Los husos se numeran y las zonas se les asignan letras. En la coordenada *38K 452491 7655296,* el punto en cuestión se encuentra en el huso *38* y la zona *K,* un rectángulo sobre Madagascar:

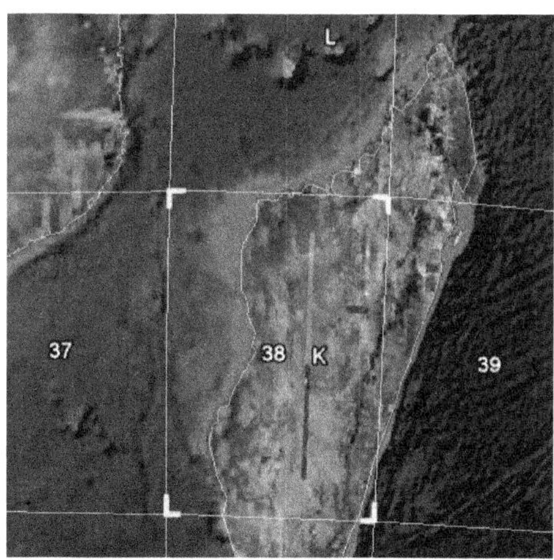

Para todo el globo la división sería:

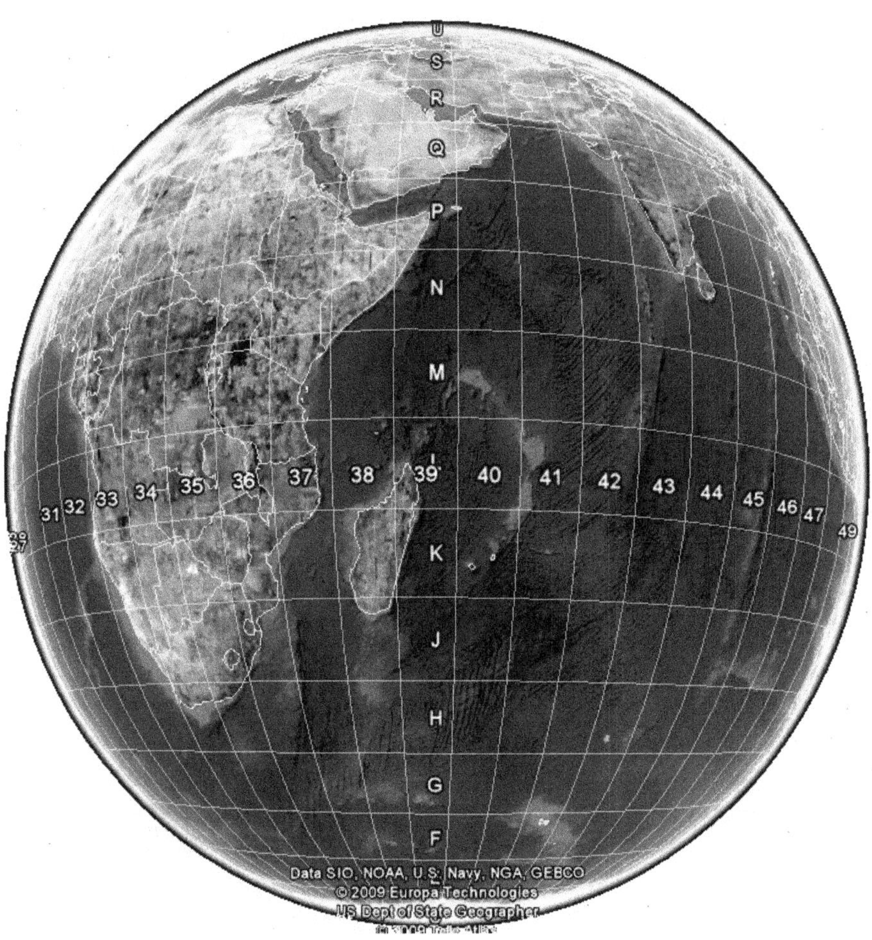

Los dos grupos de números que siguen son la coordenadas horizontal en metros (*452491*) respecto al Falso Este, y la vertical (*7655296*) respecto al Falso Norte (son falsos porque son solo una convención para evitar coordenadas negativas). Al estar en metros, es muy fácil determinar la distancia entre dos puntos. Basta con restar sus coordenadas. El punto *38K 452000 7655000,* está a 491 metros en la horizontal y 296 metros en la vertical del anterior:

$$38K\ 452491\ 7655296$$
$$-\ 38K\ 452000\ 7655000$$
$$491 \qquad 296$$

© Santiago Arnalich

Navegando con coordenadas

Quizás lo veas más claro en los ejemplos que siguen. Cuando un mapa tiene impresa la cuadrícula UTM, es muy fácil localizar una coordenada o saber la coordenada de un punto sobre el mapa.

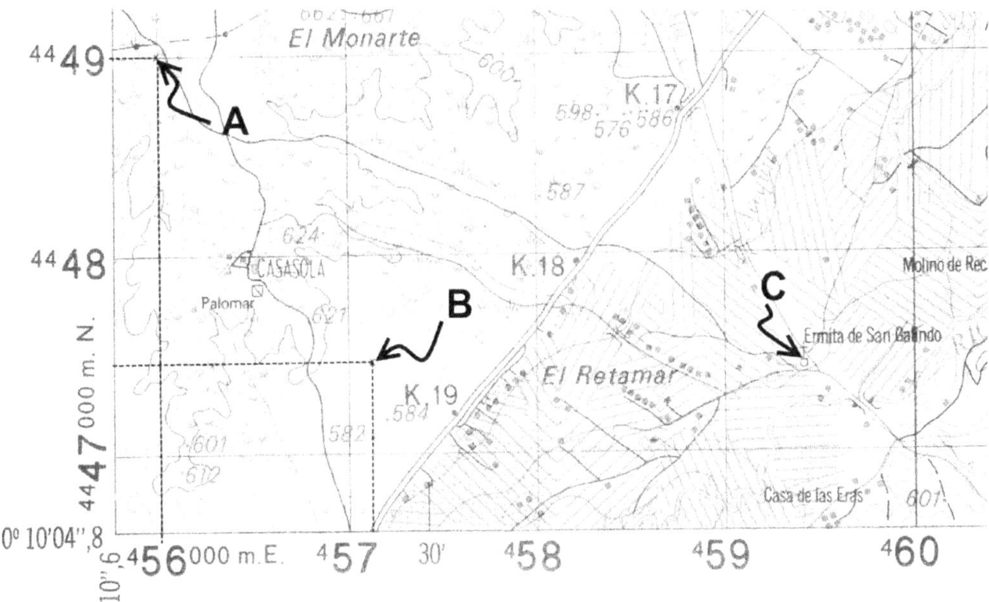

Los números ⁴56, ⁴57, ⁴58, etc. corresponden a las coordenadas 456000, 457000, etc. donde han eliminado 3 ceros para ganar claridad en la impresión. Lo mismo ocurre con las verticales. La cuadrícula tiene 1.000 m de lado (457000 − 456000 = 1.000). Prescindiendo del huso y la zona:

- El **punto A** coincide con el cruce de la cuadrícula UTM de las lineas ⁴56 y ⁴⁴99. Tiene las coordenadas 456000 4449000.

- El **punto B** está aproximadamente a 1/10 de la distancia horizontal entre la línea ⁴57 y ⁴58; como 1/10 de 1.000 m son 100 m, su coordenada horizontal añade 100 m a ⁴57 hasta 457100. La vertical está a un poco menos de la mitad de las lineas ⁴⁴47 y ⁴⁴48; su coordenada vertical es 4447450.

- ¿Cuál es la coordenada de la Ermita de San Balindo (punto C)?
  Solución: 459400 4447400

Fuentes de error y precisión

1. La posición relativa de los satélites

No sólo es importante el número de satélites sino también dónde están, de manera que el corte entre sus señales sea lo más limpio posible:

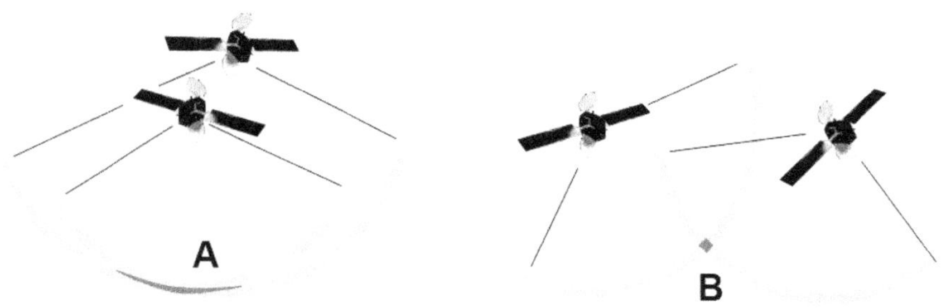

Cuando los satélites están muy verticales o algo alineados (A) el corte se extiende a lo largo de un área mayor y la posición se determina con menor precisión. Los cortes más limpios ocurren con satélites más bajos y alejados (B). ¡El problema es que es precisamente de estos satélites de los que antes se pierde la señal!

Estimación: El GPS te hará una estimación de la precisión tipo "listo para navegar, precisión 4m". Algunos modelos tienen un valor de DOP[1] que indica mejor la precisión y permite comparar valores. A grandes rasgos, intenta trabajar con valores de DOP por debajo de 2 y en cualquier caso de 5. Para posiciones que no necesitan gran precisión, por ejemplo, la localización de un pueblo podrías usar valores mayores, aunque es más sencillo tomar el punto en otro lugar del pueblo con mejor visibilidad.

La mayoría de GPS muestran un gráfico, como este del Garmin Vista que combina la calidad de la señal (altura en la barra) con la posición relativa de los satélites, numerados del 1 al 24. Tú estarías situado en el centro, la circunferencia exterior es el horizonte (¡satélites con mejor corte!) y la más pequeña corresponde a un ángulo de 45º con la horizontal:

---

[1] *Dilution of Precision: Degradación de la precisión.*

Medidas correctoras:

- Alejar el GPS del cuerpo (¡evitar las cabezas de curiosos!) y elevarlo como el que levanta la mano para preguntar, para evitar colocarnos entre el GPS y la señal.

- Promediar los puntos. Algunos GPS permiten en lugar de tomar un punto, tomar muchos en el mismo lugar y luego hallar la media. Los receptores Magellan lo hacen automáticamente si no detectan movimiento.

- Evitar las horas más húmedas en lugares con mucha vegetación, el agua atenúa la señal.

- En lugares abruptos que dificulten la recepción de la señal (valles, "cañones urbanos") utilizar una antena exterior.

- Moverse para tomar el punto si hay un lugar de mejor señal suficientemente cercano.

2. Error multisenda

La señal GPS rebota en paredes rocosas, árboles, edificios, interiores, etc. Cuando la señal rebota sigue un camino más largo y el GPS *piensa* que estamos más lejos.

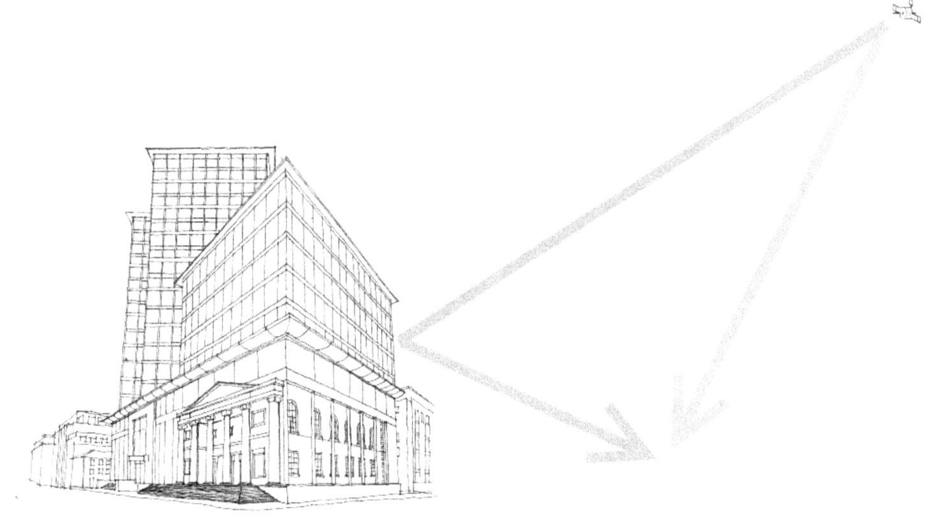

Medidas correctoras:

- Buscar, en la medida de lo posible, lugares despejados. Como los lugares no los podemos elegir realmente, si podemos evitar situaciones que causan rebote múltiple, por ejemplo, colocar el GPS en interiores de vehículos.

3. Error ionosférico

La ionosfera es una capa de la atmosfera llena de partículas cargadas que entorpecen el paso de la señal de GPS, disminuyendo su velocidad de transmisión. La cantidad de inosfera que atraviesa depende de la inclinación de la señal (A vs. B). Cuanto más baja, más camino atraviesa y más se afecta. En cierta manera, y para ayudarte a recordarlo, es similar a cómo la atmósfera afecta en mayor medida a los soles más bajos creando estupendas puestas de sol de soles más grandes y anaranjados.

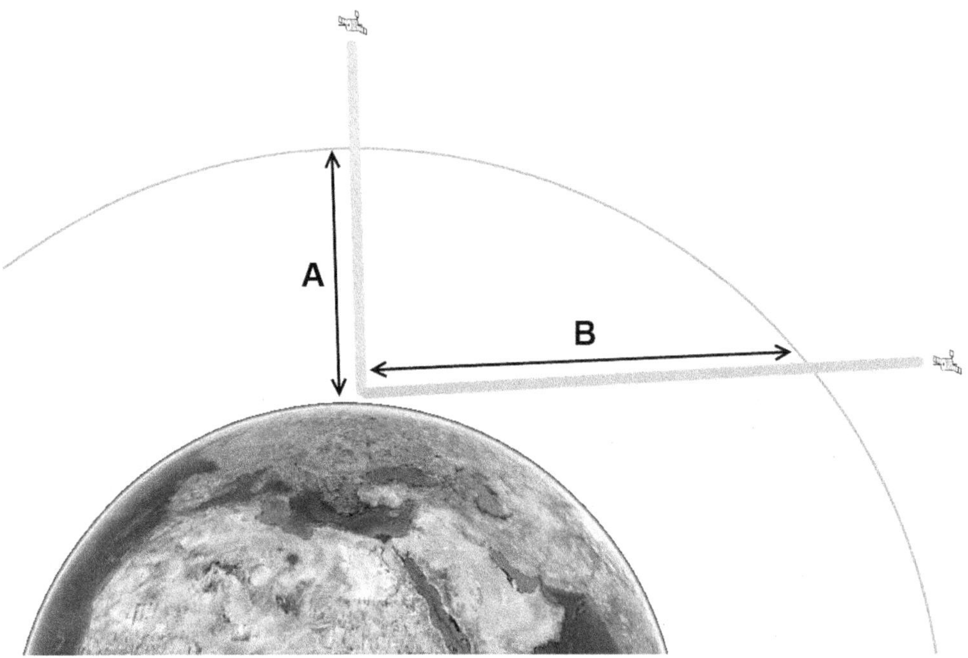

Medidas correctoras:

- Adquirir modelos mucho más caros que rara vez merecen la pena para las aplicaciones habituales. Estos modelos pueden calcular la influencia del efecto midiendo el desfase con el que llegan dos señales que han salido del satélite a la vez pero se retrasan en distinto grado por su distinta frecuencia.

- WAAS, EGNOS y MSAS son las versiones Norteamericana, Europea y Japonesa de la misma cosa, un sistema de estaciones terrestres para calibrar la señal de GPS y aumentar su precisión de cara al uso en aviación. Algunos receptores tienen la posibilidad de activarlo y desactivarlo. Si la tienen, **desactívala**. Esta corrección no está disponible en la mayoría del planeta, sobre todo en aquellas que concentran la Cooperación al Desarrollo, y con ello ahorrarás pilas.

4. Error intencionado (SA)

Hasta mayo de 2000 el Departamento de Estado de Defensa de EEUU, que gestiona el sistema, degradaba la señal intencionalmente para evitar usos hostiles. Aunque esta degradación ya no se aplica de manera general, si estás en zonas de conflicto activo puedes tener degradación de la señal que afecten a esa zona concreta. En estas zonas, ¡mucho cuidado con usar el GPS sin la autorización de todas las partes!

Arranque en frío

Además de la posición, la señal GPS transmite dos cosas más que le ayudan a trabajar:

- El **almanaque** contiene la información orbital de los satélites. Así, según la hora y el día el GPS sabrá dónde tiene que buscar los satélites. Tarda unos 12 minutos en descargarse y se desactualiza al cabo de 3 o 4 semanas.

- Las **efemérides** contienen información más precisa sobre las órbitas y otros datos como el error del reloj. Tardan 30 segundos en descargarse.

Cuando se arranca un GPS por primera vez, hemos cambiado de posición varios centenares de kilómetros o hace más de un mes que no se enciende, ni tiene almanaque ni tiene efemerides. En ese caso el GPS **arranca en frío**. Aunque puede empezar a localizar satélites y dar la posición antes de 12 minutos, conviene esperar ese tiempo para no perder la señal durante el camino y para aumentar la precisión.

Si el GPS ya tiene un almanaque al día, sólo hay que esperar 30 segundos si le faltan las efemerides (**arranque templado**) o puede empezar directamente si tiene todo (**arranque en caliente**).

Si el GPS va a arrancar en frío, intenta encenderlo bastante antes de llegar al lugar de trabajo. Por ejemplo, lo puedes encender y dejar en el salpicadero mientras viajas:

Un ritual imprescindible: configuración del GPS

Al usar un GPS e intercambiar puntos con otras personas o aparatos, como tu ordenador, asegúrate de que:

1. Estás usando el **dátum** que debes.
2. Usas el mismo **sistema de coordenadas**.

1. El dátum

Imagina que tienes una coordenada, por ejemplo, 220 km al Sur y 321 km al Este. Por sí sola no es muy útil, ¡necesitas saber desde dónde medir! Al GPS, le ocurre lo mismo, necesita saber desde dónde medir.

El **dátum** se utiliza para darle sentido a las coordenadas. Es el conjunto de la proyección que se usa y algún punto o puntos de referencia desde los que se toman las medidas. Por ejemplo, *supongo la tierra es una esfera y mido desde el Polo Norte.*

Lo importante **es que el GPS y el mapa que uses con él tengan el mismo dátum**, para que uno no esté midiendo desde el Polo Norte y suponiendo la tierra plana y el otro desde Fuentesaúco de Abajo y suponiendo la tierra esférica. Si además vas a colaborar con otros, necesitáis **acordar en que dátum** lo vais a hacer.

Normalmente se dan dos casos, o se usa el dátum universal **WGS84** (¡recuerda este nombre!) que facilita el intercambio y sirve para servicios genéricos como Google Earth o se utliza un dátum local que aumenta la precisión. **Si vas a trabajar con Google Earth tienes que usar WGS84.**

Los puntos se pueden transformar de un dátum a otro fácilmente si necesitaras hacerlo. La mayoría de programas para GPS y el propio GPS lo hacen. Lo importante, **es que no tomes datos pensando que son de un dátum cuando en realidad son de otro.**

Si ya tienes puntos puedes averiguar su dátum:

*   Si el fichero es de extension GPX, el usado generalmente para intercambio de datos GPS, el dátum es siempre WGS84.

- En otros ficheros, el dátum viene incluido como parte del archivo. Por ejemplo en este WPT, es WGS84:

```
South East Queensland: Bloc de notas
Archivo  Edición  Formato  Ver  Ayuda
OziExplorer Waypoint File Version 1.0
WGS 84
Reserved 2
Reserved 3
 1 ,100NTH, -26.53913, 152.95750, 36893, 71 , 1, 3,
 2 ,100STH, -27.07763, 152.97640, 36893, 71 , 1, 3,
 3 ,110NTH, -27.07857, 152.97580, 36893, 71 , 1, 3,
 4 ,110STH, -26.53148, 152.95500, 36893, 71 , 1, 3,
 5 ,8MPTOL, -27.60791, 153.08240, 36893, 3 , 1, 3,
 6 ,BEAUBR, -27.80553, 152.39490, 36894, 61 , 1, 3,
 7 ,BONGAR, -27.08530, 153.15740, 36893, 71 , 1, 3,
```

La mayoría de ficheros de GPS, ya sean tracks o puntos, se dejan abrir con el block de notas o con una hoja de cálculo tipo Excel.

Para averiguar el dátum de un mapa lee la leyenda si está impreso o digitalizado de una copia impresa, o intenta conseguir los metadatos (datos sobre los datos) si es digital.

A veces, el dátum no está identificado claramente como tal en los mapas. Este es el caso de este mapa del Atlas de Marruecos, pero puedes averiguar cúal es (Merchich), porque estará entre la lista que tiene el GPS:

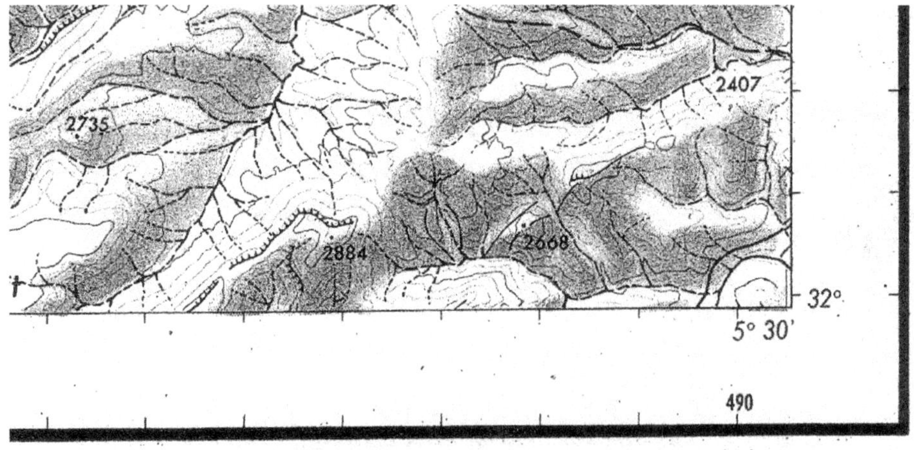

2. Las coordenadas

El tipo de coordenadas con las que vas a trabajar dependen de las que usa la gente o los programas con los que vas a trabajar.

A falta de requisitos intenta siempre trabajar con UTM. Las coordenadas de longitud y latitud se inventaron para la navegación sin obstáculos. Son útiles para el mar o el aire. En tierra no se pueden determinar las distancias entre dos puntos o la posición en un mapa sin cálculos laboriosos. Pero sobre todo, se prestan a error si la gente toma nota de las coordenadas a mano (¡cosa a evitar escrupulosamente!) sobre un formulario. Observa por ejemplo la importancia que toma la coma en estas 3 formas de expresar las medidas:

-78,1947°	Grados y decimales de grado.
-78° 19.47'	Grados, minutos y decimales de minuto.
-78° 19' 47"	Grados, minutos, segundos.

Estos tres puntos están muy distantes entre sí, hasta 14,5 km. Como puedes ver en la imagen sobre America Central, el error es considerable. Si no eres escrupuloso con la coma puede ser que al llegar de tu muestreo tus puntos estén en el Océano Índico o en el país vecino.

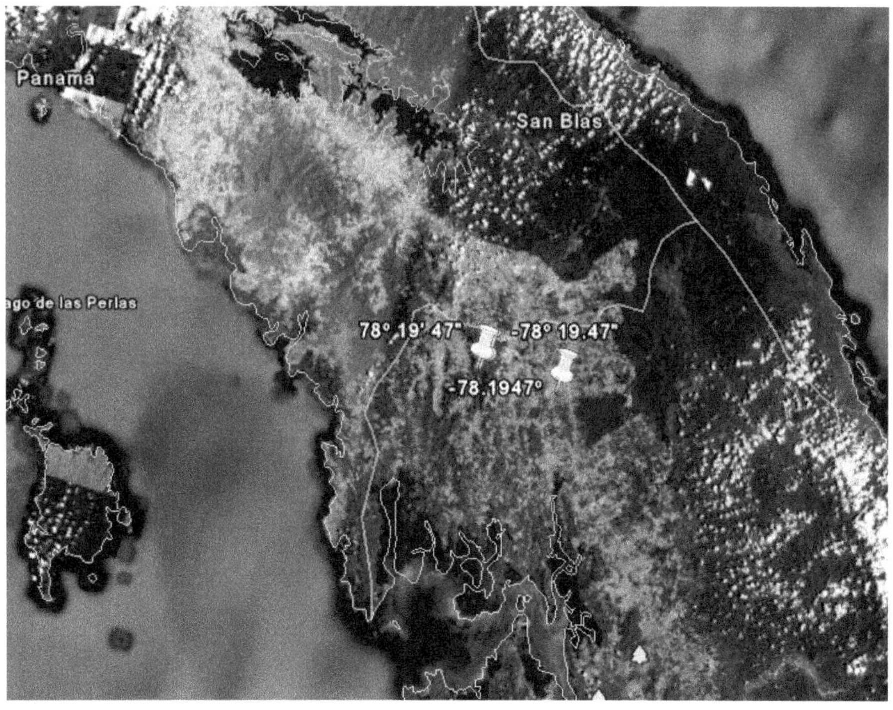

A pesar de todo, las coordenadas geográficas están muy difundidas y frecuentemente van por defecto en programas y GPS, por lo que es probable que acabes trabajando con ellas. **GPSvisualizer,** que utilizarás para los ejercicios, **requiere grados decimales.**

El ritual de configuración

Ahora que ya sabes qué es cada cosa, cómo averiguarla y qué te conviene más, este es el ritual a seguir. Según cada aparato varía, pero normalmente deberas ir al menú Ajustes del GPS:

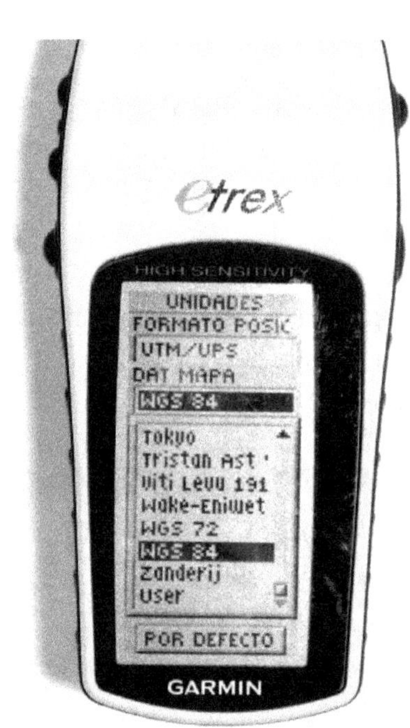

1. **Configura el dátum** seleccionándolo entre la lista de los posibles. En este caso, seleccionamos WGS84 porque pretendemos trabajar con Google Earth.

2. **Configura las coordenadas** en las que vas a trabajar. En la imagen, se ha seleccionado grados con 5 decimales, es decir, 41,57367°.

Eso es todo lo que necesitas hacer.

Trabajando con el GPS

Una vez el GPS está encendido y con el almanaque y las efemérides al día, está listo para trabajar.

Ergonomía para mejorar la señal:

La mayoría de las ocasiones la señal es buena y no es tan importante seguir estos consejos. En cualquier caso, no está mal habituarse a hacerlo para mejorar el rendimiento del sistema.

- Si la antena de tu GPS es **helicoidal** (A), es decir, tiene un pitorro, lleva el GPS **verticalmente** para recibir mejor la señal, aunque esta antena es menos sensible a las inclinaciones. Si no ves exteriormente la antena probablemente la lleve una **plana** (B). El manual te lo confirmará. En ese caso lleva el aparato **paralelo al suelo**.

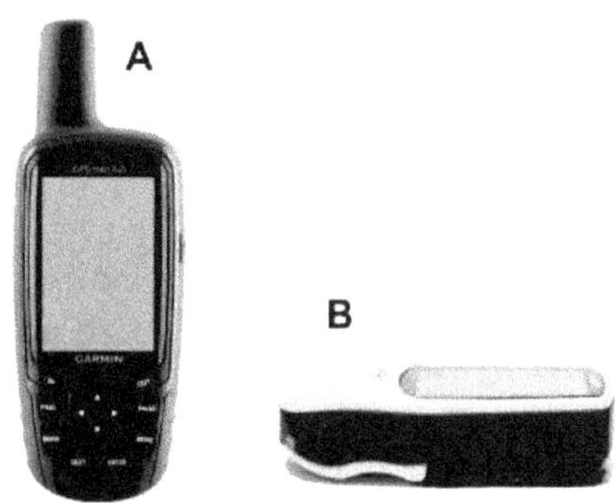

- Aleja el GPS del cuerpo en la medida que puedas; cógelo con el brazo extendido. Evidentemente y anque tenga la antena plana, tendras que inclinar el gps para poder leerlo, pero intenta tomar el punto con el gps horizontal.

- No suele ser práctico llevar el GPS en la mano todo el tiempo. En muchas ocasiones puedes llevarlo dentro de una mochila, con la precaución de que no haya objetos metalicos que cubran la antena, o dentro de un coche sin mayores problemas. El salpicadero suele ser el mejor sitio para evitar rebotes con el techo y tener más cobertura del cielo. Llevarlo colgando del cuello no es buena idea ya que le bloqueas la mitad del campo de recepción, la antena no está horizontal y cada vez que te agaches hará el tarzán contra algo. Si temes perder la señal, una buena alternativa es sujetar el GPS con velcro adhesivo a una mochila a la altura del hombro o fijarlo en la chapa del coche.

Gestionando las baterias:

Normalmente los GPS usan pilas estandar, tipo AA, que suelen durar entre 6 y 12 horas ininterrumpidas, a veces más, según el uso que se les de. En cualquier caso, aquí van algunos puntos a tener en cuenta para que te duren más tiempo:

- **Desactiva** la opción **WAAS/EGNOS**.

- La mayoría de GPS tiene un **modo de ahorro de pilas** en el que toman la señal cada 4 o 5 segundos en lugar de todo el tiempo. Si la señal es buena y la jornada de trabajo es larga, o simplemente para no llenar de pilas viejas países que no tienen un sistema de basuras adecuado, quizás puedas activarlo.

- **Evita pilas recargables**. Si el punto anterior te llevó a pensar usar pilas recargables, vuélvelo a pensar. En nuestra experiencia, las pilas recargables tienen también cierta propensión a descargarse, a estropearse y a que confundas las cargadas con las no cargadas como para confiarles una labor que no tengas deseos fervientes de repetir.

- Lleva siempre **pilas de reserva** y evita cuidadosamente pilas de baja **calidad** o las que hayan estado almacenadas mucho tiempo. No quieres someterte a 500km de agitación en un todoterreno por pistas desoladas para descubrir que tus pilas DragonPower son poco más que envoltorio.

- Les afecta el **frío**. Llevar el GPS pegado al cuerpo dentro de la ropa donde haga mucho frío hará que funcionen mejor y durante más tiempo. Calentar las pilas colocandolas unos minutos contacto con algún punto caliente del cuerpo te puede permitir tomar esos dos o tres últimos puntos tan importante antes de que se mueran totalmente. ¡Nunca las calientes de otra manera, que explotan!

- Aunque es obvio, quizas sólo es necesario encender el equipo, tomar el punto y volverlo a apagar. En estas condiciones, las pilas duran muchas semanas.

Tu seguridad:

Si quieres volver de una sola pieza o simplemente evitar pasar algunas malas horas, por tu seguridad y la *de todos mis compañeros,* no pierdas nunca de vista estos dos avisos:

- Nunca utilices un GPS en **zonas sensibles**, en las cercanías de un puesto militar ni en áreas de conflicto sin obtener el **visto bueno** de todas las partes. El GPS, como la cámara fotográfica, despierta con razón todo tipo de susceptibilidades. No te olvides, ¡uso seguro!

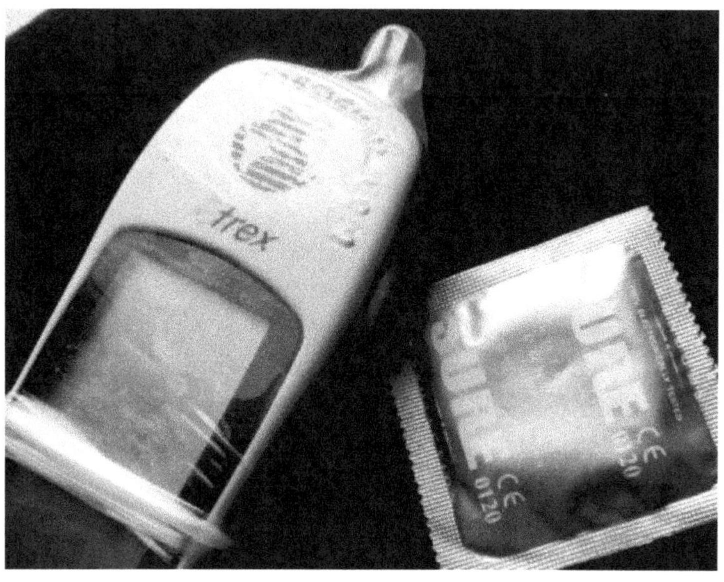

- Algunos sitios, requieren el uso del GPS tambien para **navegar** y no sólo para trabajar. Algunos son claros, como zonas desérticas, selva, montaña, zonas de nieblas y tiempo cambiante… otros no tanto. Por mucho que tengas gente local que conozca la zona:

  - Toma siempre **puntos de referencia** antes de comenzar, en el último sitio habitable, donde hayas dejado el coche, etc. En estos casos, no confies todo al GPS y lleva mapas y brújula.

  - Registra tracks. Los GPS tienen un opción **trackback** que te permiten deshacer el camino andado.

Registrando los datos:

Algunas sugerencias rápidas sobre la toma de datos:

- Imagina que has hecho un muestreo de 274 puntos. Es muy probable que en alguno de ellos te olvidaras al marcar el punto o simplemente te engordara el dedo de repente. Con suerte te das cuenta que te falta uno, pero ¿cúal de ellos fue? El resultado es que pierdes todo el trabajo. **Cada 10 puntos, toma dos veces el mismo**. Así, si en algún momento no marcaste alguno, el intervalo entre esos dos puntos y los siguientes tendrá un punto menos. Por ejemplo, si las O son los puntos dobles, al tercer intervalo le faltan varios:

  OOxxxxxxxxxxOOxxxxxxxxxxOOxxxxxxOOxxxxxxxxxxOO

  Este ritual te mantendrá también atento a la numeración.

- Una de las maneras más rápidas de trabajar es **tomar una foto del cuaderno** con el nombre del lugar y el número de punto. Después, se toman todas las fotos del lugar. Al volcar las fotos al ordenador, seguirán el orden en que las has tomado y eso te permite saber qué fotos corresponden a qué punto sin hacer ningún cambio. Otra de las ventajas de este método es que vas digitalizando el cuaderno, ¡es demasiado fácil olvidárselo en cualquier sitio!

  En la imagen, por ejemplo, se ha fotografiado el cuaderno en el curso de una evaluación de la situación económica/alimentaria en Somalia para una familia en XARXAR. Esta encuesta, (la respuesta a las preguntas están numeradas) corresponde al punto GPS 65:

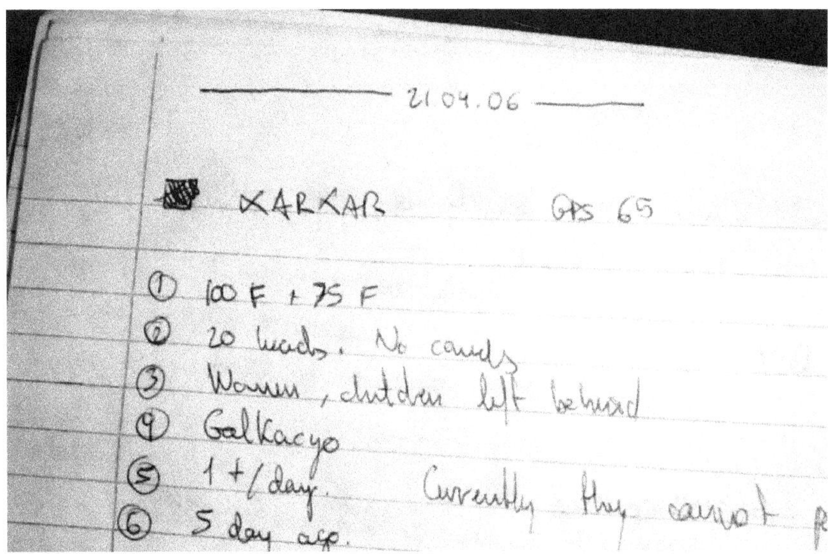

Cada punto (63, 64, 65…) y las fotos que le corresponden se ordenan automáticamente:

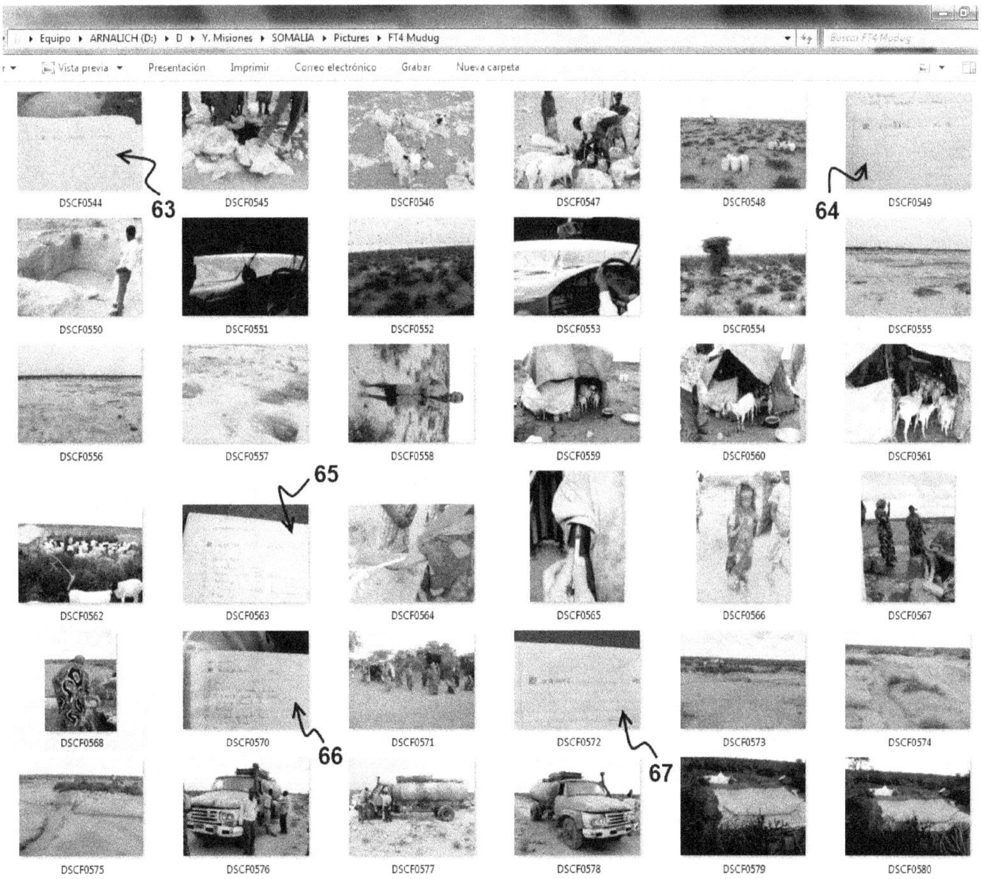

En los lugares sin un nombre concreto, puedes tomar una foto del GPS con la coordenada y después la zona para saber qué imágenes corresponden a cada punto, por ejemplo, los estragos de un Tsunami en distintos puntos:

- **Comienza y termina cada track con un punto GPS** que registres. Así puedes reconocerlo facilmente e incluso nombrarlo, por ejemplo, el track 68-121.

- En muchos GPS, no hay manera de evitar que siga registrando tracks si el GPS esta encendido. Además muchos tienen una función **dead reckoning**, es decir, que si pierden la señal trazan el camino durante un tiempo siguiendo la dirección que más o menos llevabas hasta que la vuelvan a encontrar. El resultado es que acabas con un lío de tracks y no sabes qué es qué. **Guarda el track cuando termines** para que no te añada cosas que no necesitas.

- Recuerda que el GPS tiene memoria limitada. **Comprueba qué porcentaje** has utilizado cada cierto tiempo para evitar borrados accidentales.

Subiendo y bajando datos al ordenador

Una vez tomados los datos necesitas pasarlos a un ordenador para que te sean realmente útiles. El proceso es muy similar al de conectar una camara digital de fotos a un ordenador.

Nunca copies a mano datos de coordenadas, a pesar de la sorprendente multitud de formularios que te lo piden. Cada coordenada tiene unos 20 dígitos. Si la copias a mano a un papel y luego de vuelta a un ordenador, es muy probable que introduzcas errores difíciles de comprobar o detectar.

Para evitar copiarlos, necesitas algunas de estas cosas:

- Un **cable de conexión** al ordenador.

- Un **programa** que permita acceder al gps y subir y bajar los datos a tu ordenador o:

- una **conexión a internet** si prefieres que sea algún sitio web el que se entienda con tu GPS.

El proceso suele ser bastante sencillo aunque según el ordenador y el GPS que tengas a veces se vuelve algo correoso.

El cable de conexión

Algunos GPS vienen con ellos y en otros hay que comprarlo aparte. Simplemente asegúrate de que lo tienes. Puedes estar en alguno de estos dos casos:

- **El cable es USB**. En la mayoría de GPS no tienes que hacer más, es un cable USB parecido al de una camara digital o algo más original, pero USB en cualquier caso. Esta es la conexión mini-USB más típica:

- **Es otra cosa**. En los más antiguos o simples este cable se conecta a un puerto de Serie 232 o Mini-DIN, puertos que la mayoría de ordenadores portátiles no tienen. En estos casos necesitas un adatador USB-Serie o USB-Mini-DIN, otro cable que complica un poco las cosas. Este cable adaptador vendrá con un CD y necesita que instales su controlador para que funcione correctamente. En estos casos la conexión queda:

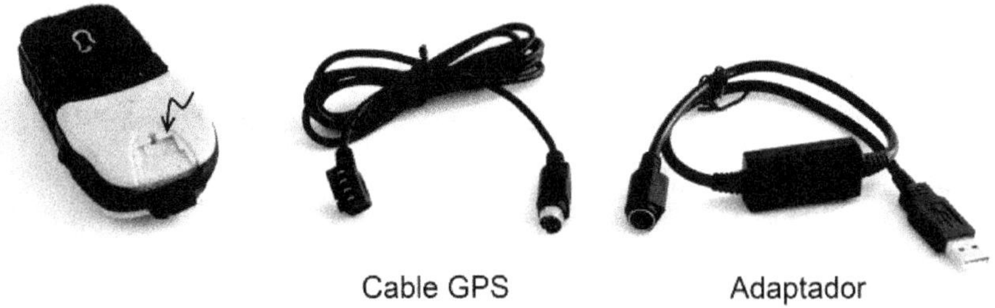

Cable GPS   Adaptador

Los programas

Hay infinidad de programas de GPS que permiten descargar los puntos y los tracks de un GPS o cargarlos al GPS. Google Earth es imbatible a día de escritura si lo que quieres es interaccionar a tiempo real y situar los puntos en un mapa. Sin embargo, la obtención de un fichero de puntos con las coordenadas no es directa y es algo engorroso trabajar con otros mapas o fotos aéreas que no sean los suyos, no soporta muchos modelos de GPS y falla con demasiada frecuencia.

Si usas Google Earth:

1. Conecta y enciende el GPS.

2. Ve a > Herramientas / GPS y rellena el diálogo que se abre según el modelo que tengas:

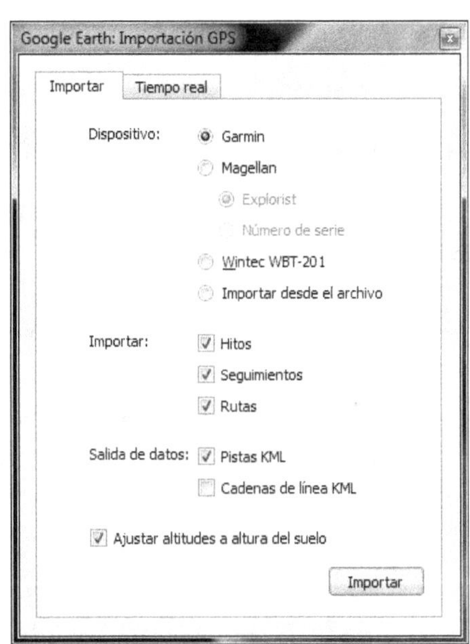

Observa que hay una pestaña Tiempo Real. Esa pestaña te permite mostrar tu posición actual en el mapa y ver cómo va cambiando según te mueves. Un epígrafe trata sobre esto en breve.

Si prefieres usar otros programas:

A continuación se dan los enlaces a algunos de los más usados:

- Oziexplorer: www.oziexplorer3.com/loc/esp/oziexp_esp.html
- CompeGPS: www.compegps.es
- Gpstowin (inglés): www.gpsinformation.org/ronh/g7towin.htm
- EasyGPS(inglés): www.easygps.com

Sea cual sea el programa que uses, el paso crucial es conseguir que el ordenador detecte el GPS y pueda comunicarse con él. En la mayoría de casos es automático, en otros hay que hacer pruebas con los puertos.

Aquí, a modo de ejemplo, se hace con oziexplorer; en el resto de programas será similar:

1. En configuración y la pestaña GPS, introduce el modelo y la marca de GPS y pulsa el botón Find GPS para que intente detectarlo automáticamente. ¡No olvides tener encendido el GPS!

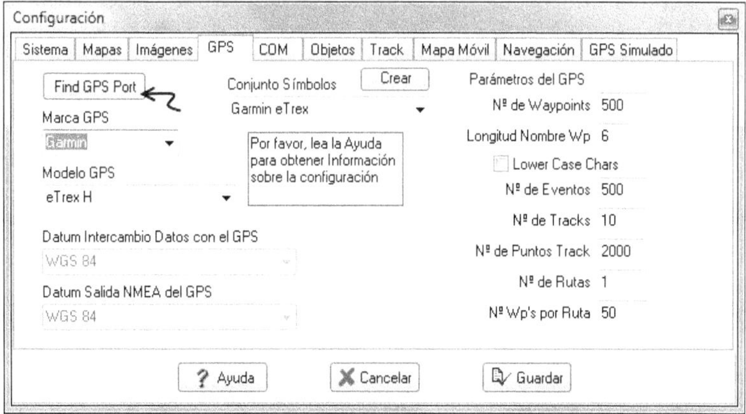

Si todo va bien, te responderá con el número de puerto al que se ha conectado (COM15). No está mal que intentes recordarlo.

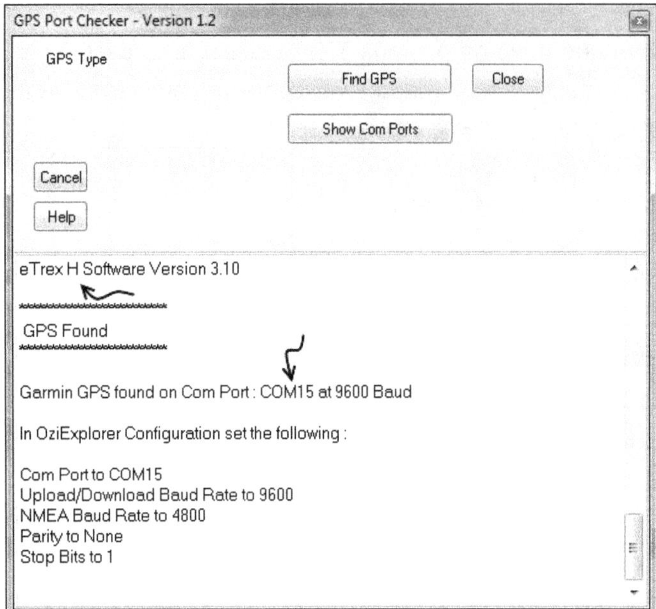

2. Si la cosa va mal, deberas someterte a un proceso de ajuste, ensayo y error muy variable que es díficil de explicar aquí. Aún así aquí van algunas orientaciones a probar en este orden:

2.1 Empieza por comprobar que el GPS está encendido y los cables conectados… hummmm, ¡compruébalo!

2.2 Prueba a ver si se conecta usando una web (próximo apartado).

2.3 ¿Has instalado el controlador del cable adaptador si lo usas?

2.4 Comprueba que no haya algún controlador a instalar.

2.5 Algunos tienen la opción "Force Send", mandar a la fuerza vaya.

2.6 Prueba a configurar el puerto de conexión manualmente probando uno tras otro:

Si todo va correctamente ya puedes usar el programa con el GPS. En ese caso, tendrás que buscar en los menus opciones tipo "Descargar puntos del GPS" . A continuación se muestran para el programa CompeGPS. Aprovecha para fijarte en el resto de menús. Normalmente en los programas las descargas, subidas y configuraciones están agrupados bajo un menú llamado GPS:

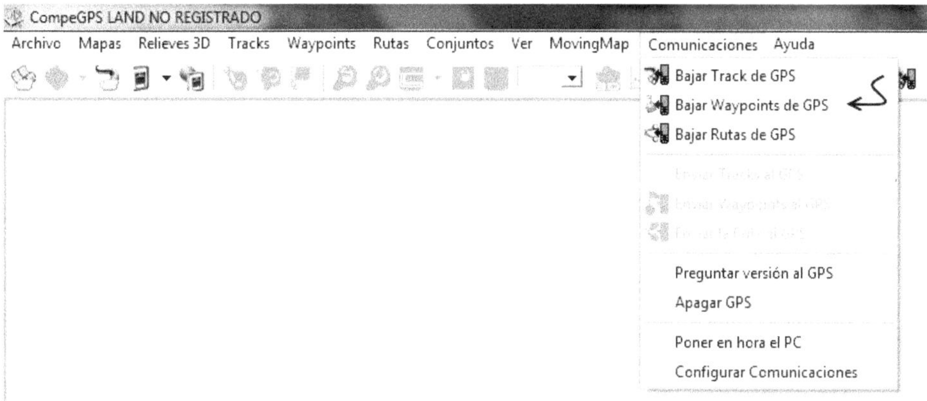

En la nube

Muchos fabricantes ya tienen su sitio web que descarga y almacena los datos del GPS y te permiten descargarlos en varios formatos. A continuación se muestran algunos pantallazos del sitio del fabricante Garmin, http://connect.garmin.com:

1. Debes crear un usuario y entrar para que recuerde que las rutas son tuyas. Después pulsas cargar:

2. Conectas el GPS encendido y esperas a que lo detecte. Cuando lo hace, selecciona cargar nuevas actividades:

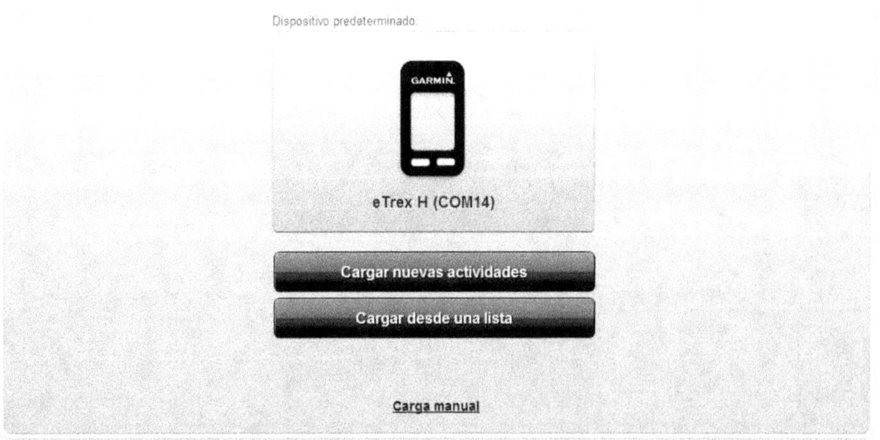

3. En la lista de actividades, como es una aplicación orientada al deporte les llama actividades, seleccionas la que te interesa. Esta actividad, por ejemplo, corresponde al trazado propuesto para un acueducto en Haití:

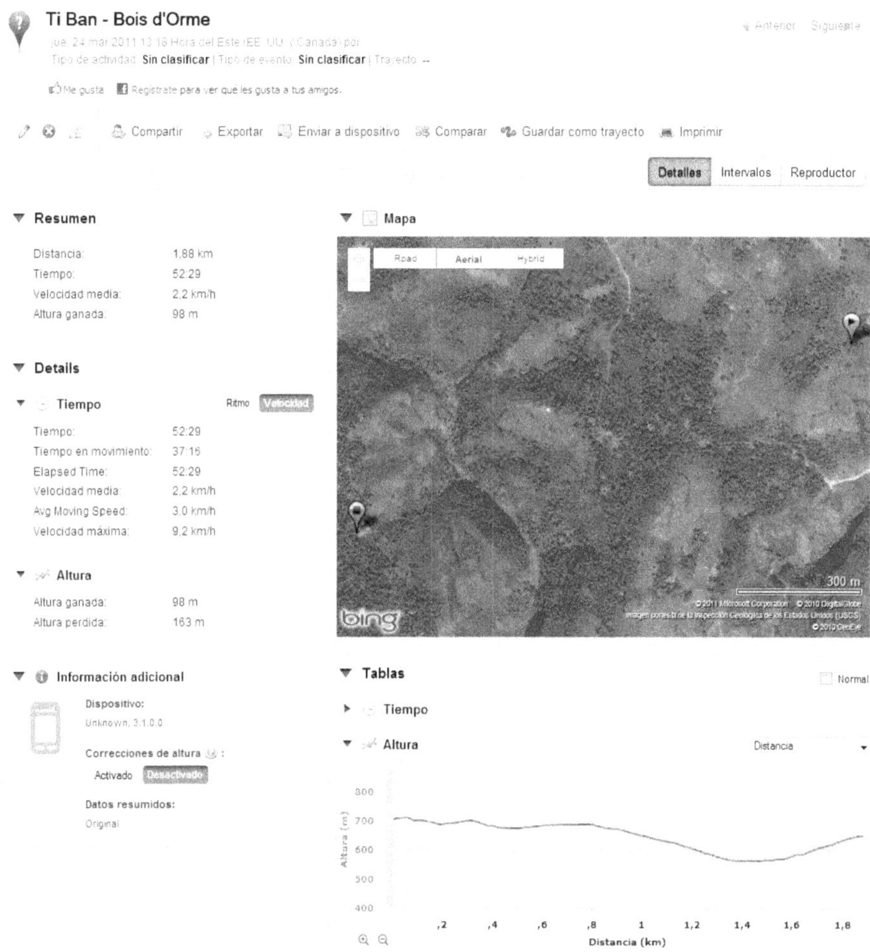

Los formatos

Hay infinidad de formatos para los datos del GPS: GPX, WPT, KML…. Según qué modelo tengas y qué programas uses tendrás unos u otros. **GPX** es el formato de intercambio universal.

Para convertir unos formatos en otros puedes usar alguna web o bajar el programa **GPSBabel**: www.gpsbabel.org. En él, solo tienes que elegir los formatos de entrada (Input) y de salida (Output) que quieres, navegar hasta el archivo origen y darle un nombre al nuevo archivo destino:

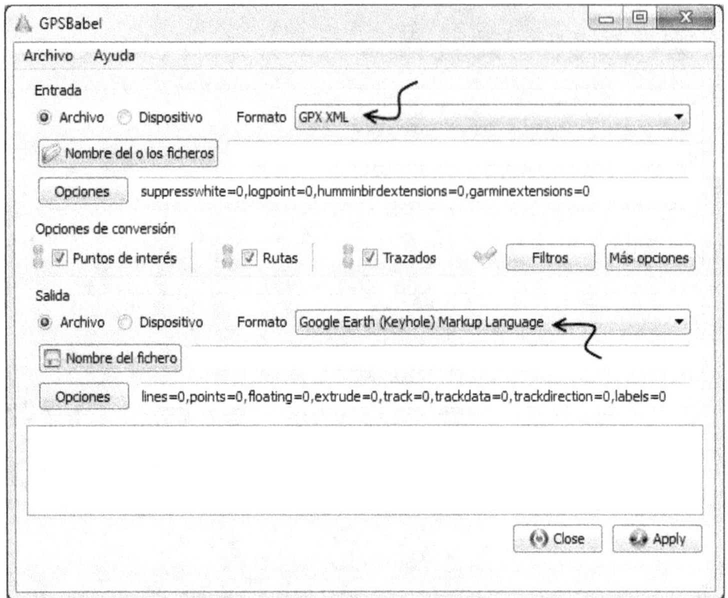

Navegando con Google Earth a tiempo real

Al navegar a *tiempo real*, puedes ver tu posición y la trayectoria que sigues según te vas moviendo a cada instante en Google Earth (también en otros programas). Eso en realidad ya lo hace el GPS pero al conectarlo a otro aparato puedes ver tu posición en imágenes satélite. Puedes conectar el GPS a un ordenador, una PDA o tenerlo ya todo integrado en un telefono inteligente.

Navegar a tiempo real es muy útil en casos en que no puedes esperar a ver la información más tarde, porque haya que tomar decisiones en el momento o porque sea un caso complicado. Aunque la opción del teléfono es muy cómoda, la información se acaba frecuentemente apelotonando en una pantalla tan pequeña, y puede ser más práctico, a pesar de lo aparatoso, optar por el ordenador.

Normalmente, necesitarás tener acceso telefónico a internet ya sea a través del propio teléfono o con una modem USB (A).

Con el GPS conectado al ordenador y encendido (¡!) debes ir a Herramientas / GPS y seleccionar la pestaña Tiempo real. En ella eliges el tipo de protocolo de tu GPS, y marcas seguir ruta automaticamente y finalmente pulsas iniciar:

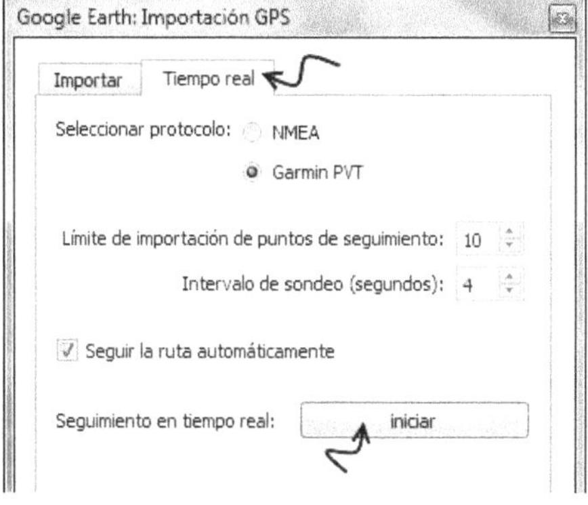

Usando Google Earth offline

En realidad no necesitas tener conexión a internet para usar Google Earth, puedes hacer que previamente guarde las zonas que te interesan en la memoria caché siguiendo este proceso:

1. Para acceder a esta opción ve a Herramientas / Opciones y en el diálogo que se abre selecciona la pestaña caché. Selecciona el máximo, 2000:

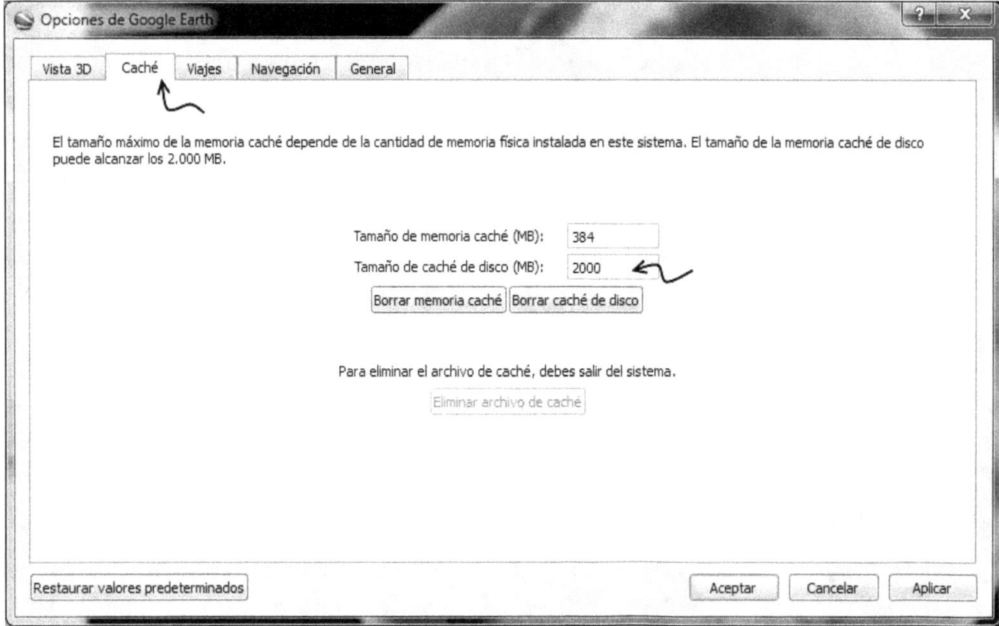

2. Borra la memoria caché para asegurarte que utilizas la capacidad al máximo y aplica los cambios antes de salir del menú.

3. Explora la zona que te interesa en el detalle que necesites en algún lugar con conexión a internet. Si quieres tener algunas capas como Fronteras, carreteras etc., navega con ellas activadas:

La memoria caché se guarda en unos ficheros que incluyen la palabra caché:

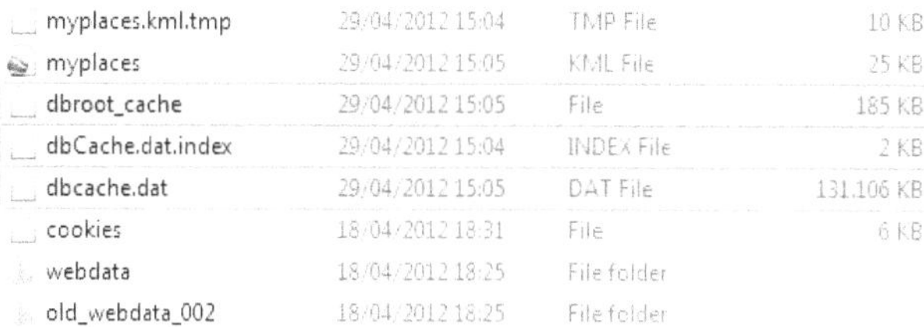

Si necesitas más memoria puedes ir guardando copias de estos ficheros dentro de carpetas con los nombres de las zonas cubiertas. Para cambiar de zona, copia los ficheros de una carpeta y sobrescribe los existentes.

La ruta a estos archivos cambia según el sistema operativo que tengas, lo mejor probablemente es hacer que el sistema lo busque en el disco duro C:

Normalmente los archivos que ha explorado un ordenador no se pueden pasar a otro, salvo que las rutas coincidan exactamente, lo que es improbable e impráctico. Antes de salir a una zona sin conexión a internet comprueba desconectando la conexión que la memoria está funcionando como esperas que lo haga.

Usando mapas de terceros

A veces, los mapas de Google Earth o no son prácticos o no tienen la información que necesitas. En esos casos tienes varias alternativas

1. Usar el GPS con un mapa impreso

Es cómodo para situarse y fundamental como medida de seguridad cuando estás en un territorio peligroso dónde no quieres depender de aparatos eléctricos. Muchas veces con esta opción ya obtienes los resultados que quieres y te evitas el engorro de poner cacharros electrónicos de acuerdo.

Ya hemos visto antes cómo pasar coordenadas a un mapa.

2. Usar mapas cargados en el GPS

Esta opción es útil para situarse y poco más porque la pantalla del GPS es muy pequeña y la cantidad de información que puede representar sin saturar es poca.

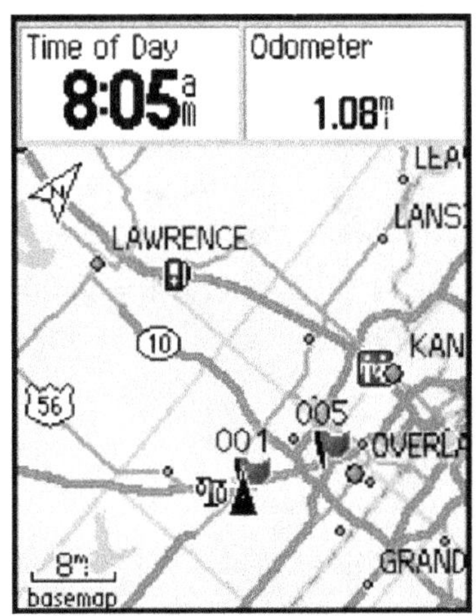

Algunos GPS vienen con mapas cargados de fábrica, por ejemplo, los mapas de MapSource (Garmin) o MapSend y otros que se pueden comprar. Estos son mapas muy generales de carreteras y algunos puntos de interés como muestra la imagen.

Otra alternativa es crear u obtener un mapa con las cosas que nos interesen y enviarlo al GPS. El mapa se puede crear con herramientas simples como GlobGPS o más complejas como cGPSMapper.

Esta opción en mi experiencia no es muy útil salvo en casos muy concretos (razón por la que se menciona) y puede ser bastante problemática:

- La carga de mapas que no son originales y sin que haya un protocolo estandarizado puede corromper el software del GPS y averiarlo.

- Al cargar un mapa se borran los que haya en el GPS salvo el mapa base.
- Y sobre todo, se corre el riesgo de que las herramientas acaben acaparando toda la atención y se pasen por alto cosas más importantes o que el exceso de dependencia en estas prótesis te lleve a un desconocimiento temerario del terreno sobre el que te mueves.

Si aun así consideras que es importante, tienes más información de cómo funciona en la referencia 10 de la bibliografía (Carlos Puch).

3. Usar mapas cargados en un ordenador

A veces tienes un mapa más interesante para tus propósitos que los que te ofrece Google Earth. Si lo tienes digitalizado o lo puedes digitalizar quizás lo puedes cargar en Google Earth como una **superposición de imagen** (image overlay en inglés). El requisito fundamental para poder utilizarlo es que tenga una proyección cilindrica simple o WGS84 y el norte hacia arriba. Si tu mapa es así, tendrá los meridianos y los paralelos equidistantes, paralelos y cruzándose en ángulos rectos. Para áreas pequeñas los mapas UTM se pueden usar sin problemas con pequeños ajustes.

En la imagen se ha cargado una parte de un mapa 1:50000 sobre la imagen satélite del Teide para poder ver las curvas de nivel. Observa como el mapa incluso reproduce el relieve en 3D:

Intenta cargar imágenes que no sean muy grandes para no saturar la memoria.

Si no tienes un mapa que cumple estos requisitos, puedes añadirlo en otros programas como Ozi Explorer o CompeGPS. En esos casos tendrás que **calibrarlo**, es decir, el programa te guiará a traves de un proceso sencillo en el que vas eligiendo puntos de la imagen e introduciendo sus coordenadas. El manual del programa te explicará cómo hacerlo.

Superponiendo mapas

Añade un mapa cartográfico general a la parte de una isla indonesia entre las coordenadas 5° 36' y 5° 38' Norte y 95° 7' y 95° 9' Este.

1. Descarga el mapa recortado aquí:

www.arnalich.com/dwnl/goops/indonesia.jpg

2. Comprueba que el mapa cumple los requisitos, tiene el norte orientado hacia arriba y los meridianos y paralelos son equidistantes, paralelos y ortogonales.

3. Google Earth te va a pedir las coordenadas de las esquinas de la imagen. Por eso es importante que recortes la imagen para tener solo mapa de esquina a esquina, sin rebordes ni espacios en blanco. Si te atrancas con este paso puedes descargar la imagen ya recortada aquí:

www.arnalich.com/dwnl/goops/indonesiax.jpg

4. Las coordenadas tienen un formato Grados, Minutos y decimales de minuto. Para poderlas introducir en ese formato, ve a > Herramientas / Opciones. En la pestaña 3D selecciona Grados, minutos decimales y pulsa aplicar:

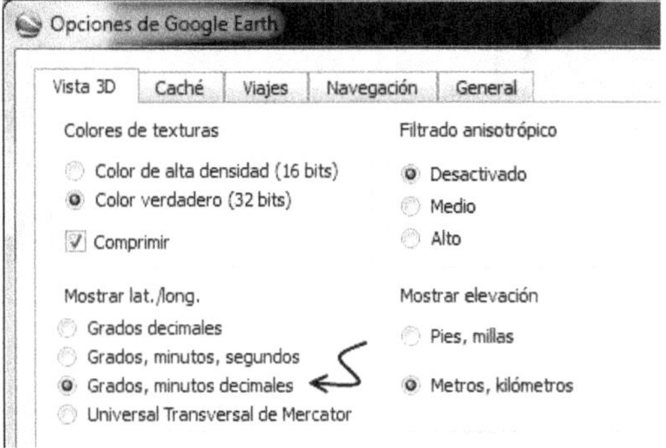

5. En Google Earth ve a > Añadir / Superposición de imágenes. Pulsa el botón Examinar, y navega hasta la ubicación de la imagen recortada. La selección hace que aparezca la imagen superpuesta rodeada de crucetas verdes:

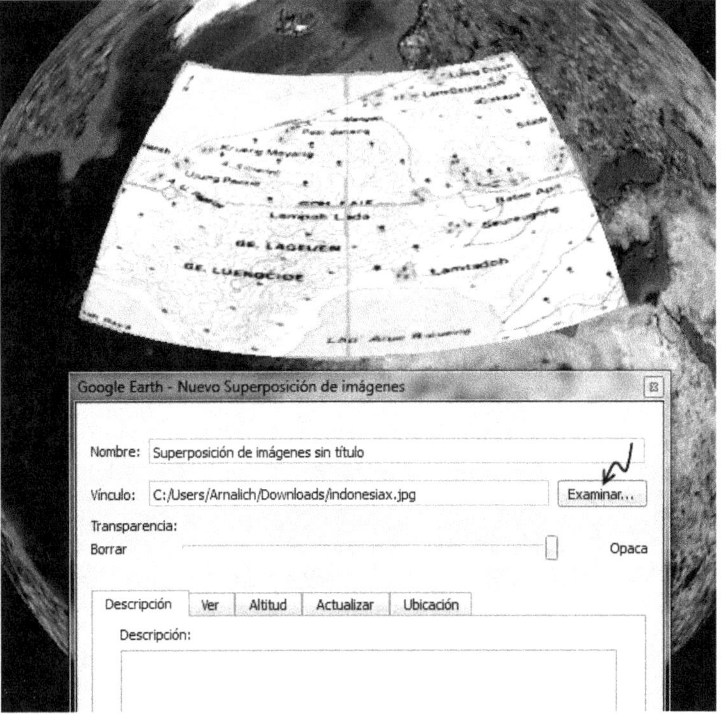

6. Pasa a la pestaña ubicación e introduce las coordenadas que tienen los extremos de la imagen que has recortado. Para que no te mareen con cambios automáticos, empieza por introducir los valores Norte y Este y luego el resto. Acepta para cerrar el cuadro de diálogo.

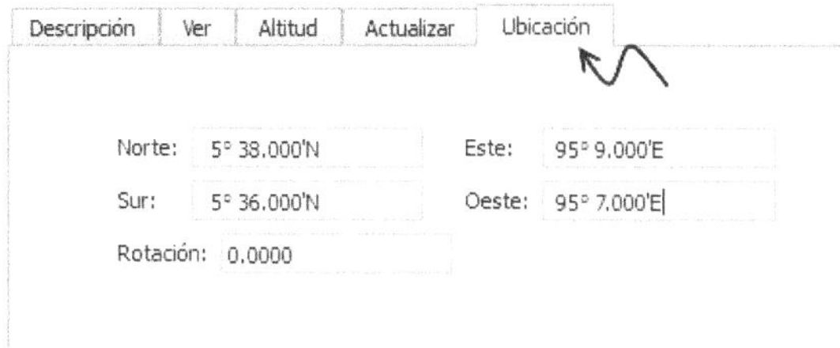

7. Lo más probable es que no veas nada. Para hacer zoom a la zona de la imagen que acabas de añadir pincha dos veces sobre Superposición de imágenes sin título en el cuadro lugares.

Observa que el ajuste no es muy bueno, que la línea de costa en el mapa y en la imagen satélite no coinciden. Esto se debe a que la proyección es UTM y no cilíndrica plana.

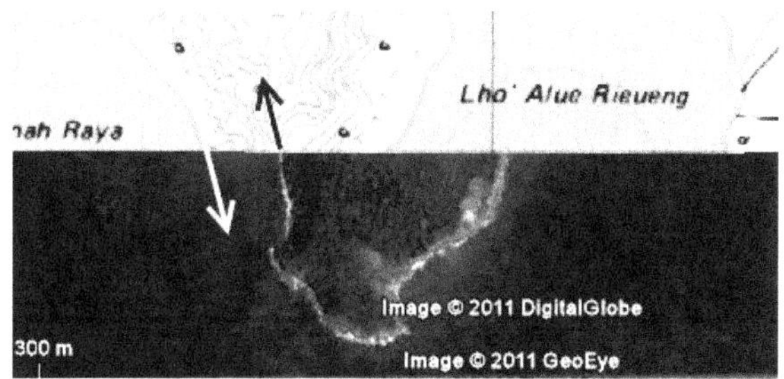

8. Para solucionarlo, pincha con el botón derecho Superposición de imágenes sin título en el cuadro Lugares y elige Propiedades. El cuadro de diálogo se vuelve a abrir y aparecen de nuevo las crucetas verdes. Pincha sobre alguna de ellas, y sin soltar, arrastra sucesivamente las distintas partes del mapa hasta que se superponga lo mejor posible.

El grado en el que consigas ajustar la imagen depende de la proyección que tenga, del área que cubra, de pequeños errores topográficos, cambios en las líneas de costa, ríos, etc. con el tiempo. Algunos mapas se ajustan muy bien y otros, como este, con más dificultad.

3

Crear

En esta sección vamos a crear un mapa similar al de los pozos que viste en capítulos anteriores pasando por los pasos más comunes. Para crearlo se ha decidido usar GPSvisualizer, aunque esta elección es ciertamente discutible, sobre la otra opción, Google Earth Outreach: http://earth.google.com/outreach

Mapeando el estado de los pozos tras un Tsunami

Estás en la ciudad de Meulaboh, en Indonesia, tras el tsunami del año 2004. El tsunami ha arrasado gran parte de la zona costera. Uno de los principales problemas es que gran parte de los pozos de abastecimiento de agua no están en funcionamiento. Algunos han sido destruidos, otros dañados y otros cubiertos de agua salada y escombros que imposibilitan su uso hasta que se limpien.

Descargando y convirtiendo datos del GPS

Partiendo de un fichero GPX, crea otro CSV que GPSvisualizer pueda utilizar.

1. Descarga e instala el programa gratuito GPSbabel si no lo hiciste antes:

www.gpsbabel.org/download.html

2. Descarga el fichero GPX que contiene los datos que el equipo de terreno ha tomado. Descárgalo como archivo, si se abriera en el navegador guárdalo (Guardar como):

www.arnalich.com/dwnl/goops/meulaboh.gpx

3. Abre GPSbabel y:

3.1 Busca el fichero meulaboh.gpx donde lo hayas guardado pulsando el campo Nombre del Fichero en la entrada.

3.2 Selecciona el tipo de fichero como GPX XML.

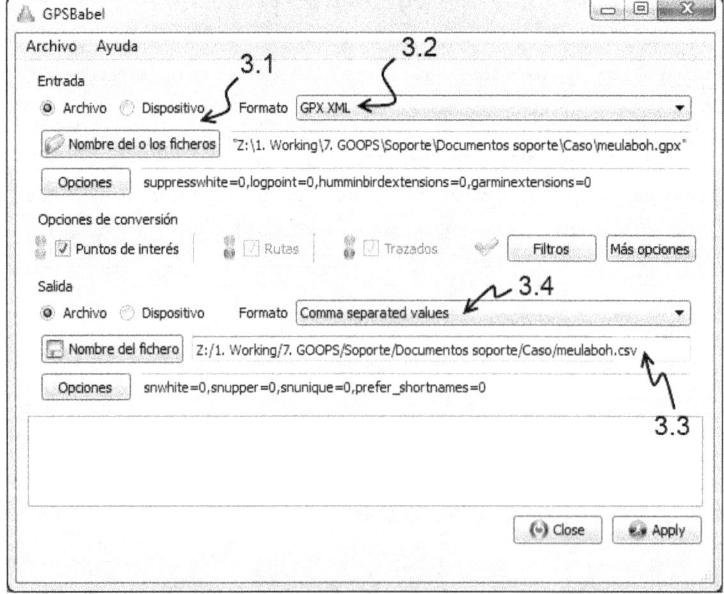

3.3 Pulsa nombre del fichero de salida y navega hasta la carpeta donde lo quieras guardar. Entonces escribe un nombre, por ejemplo meulaboh y añade al final .csv (es decir meulaboh.csv) para que sea reconocido por el sistema.

3.4 Selecciona el tipo de fichero de salida como Comma Separated Values.

Cuando hayas terminado pulsa Apply para terminar la conversión. El fichero debería aparecer en la carpeta donde hayas decidido guardarlo.

4. Abre el archivo con Excel o un programa similar. Para poder ver el archivo, probablemente tengas que seleccionar todos los archivos en el desplegable del diálogo Abrir:

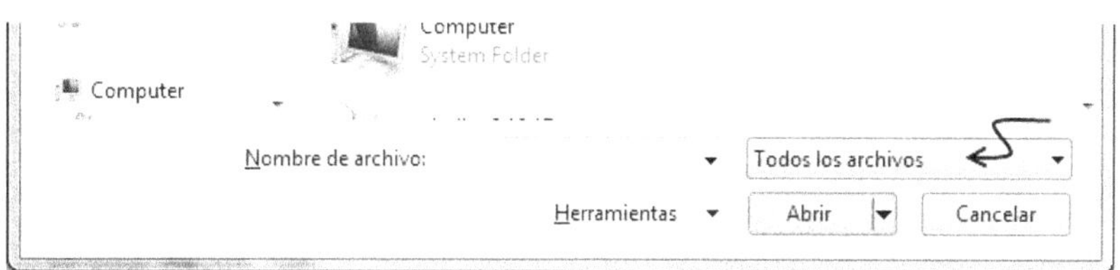

La apariencia será parecida a esta:

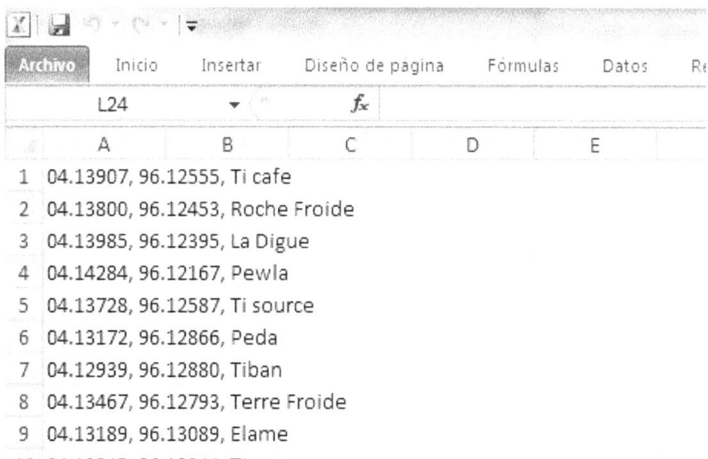

El siguiente paso es separar los datos en columnas, ya que inicialmente están todos separados por comas dentro de la columna A. A veces, los pasos siguientes los hace automáticamente el Excel al abrir el archivo, y saltarías directamente al paso 12.

5. Selecciona toda la columna A pulsando sobre la A. Una vez hecho, ve a la pestaña datos y selecciona Texto en columnas:

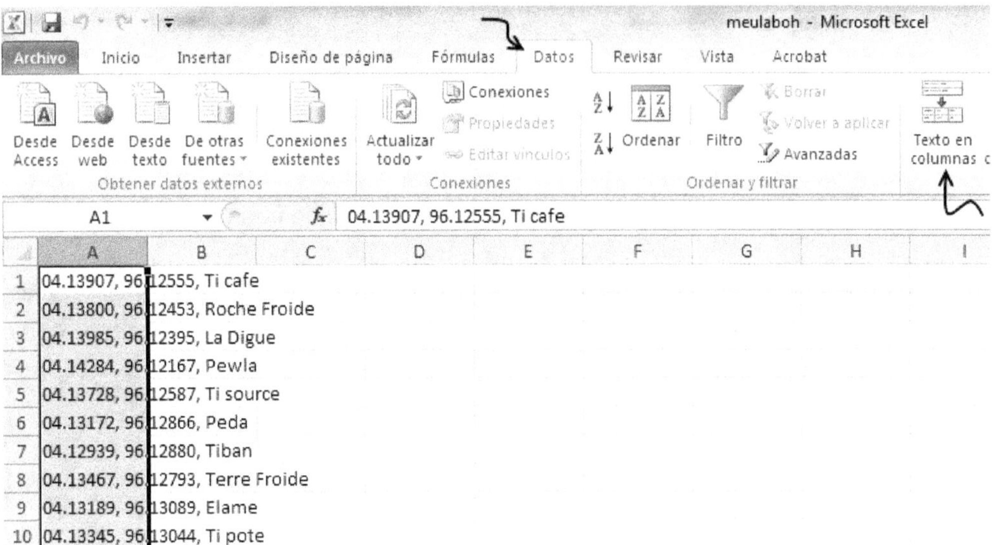

6. Selecciona Delimitados en el primer paso del asistente:

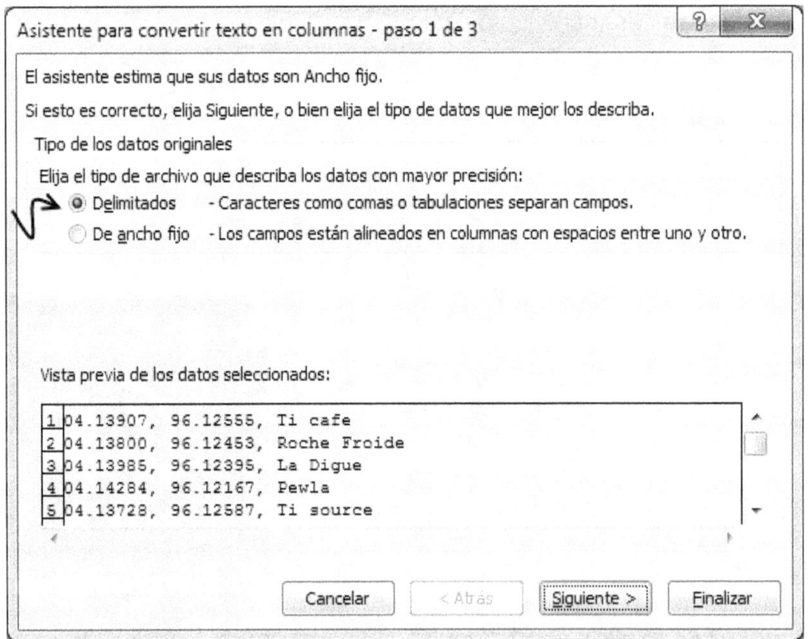

© Santiago Arnalich   Arnalich. Water and habitat   www.arnalich.com

7. Selecciona la coma en el paso dos:

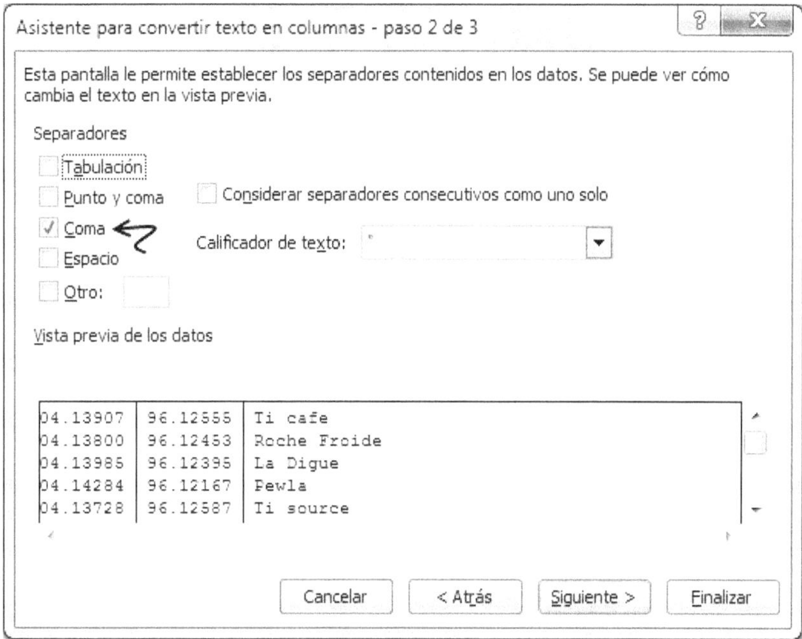

8. En el paso tres, pulsa avanzadas:

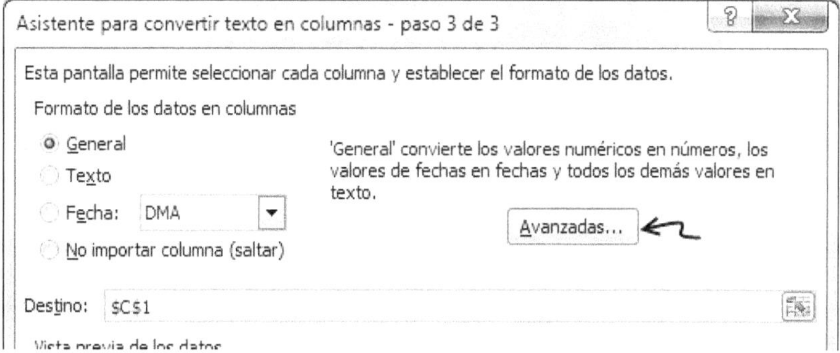

Presta atención a los siguientes pasos si no quieres volverte loco averiguando por qué tu fichero no es reconocido o perder el tiempo rescatando puntos en medio del océano pacífico. **El separador decimal debe ser el punto**.

9. Selecciona "." como separador decimal y "'" como separador de miles y acepta:

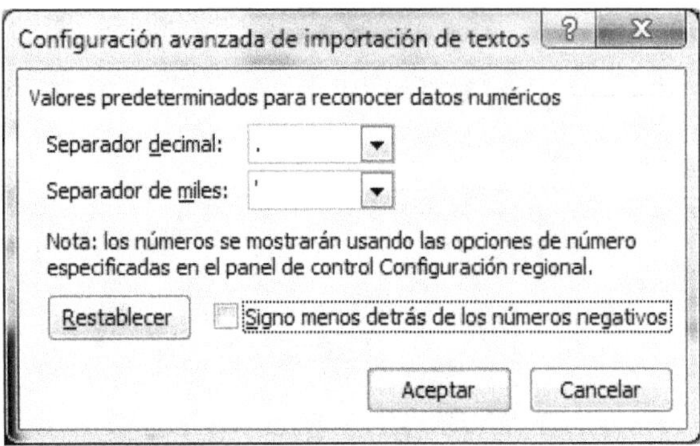

10. En el menú archivo de Excel, selecciona opciones:

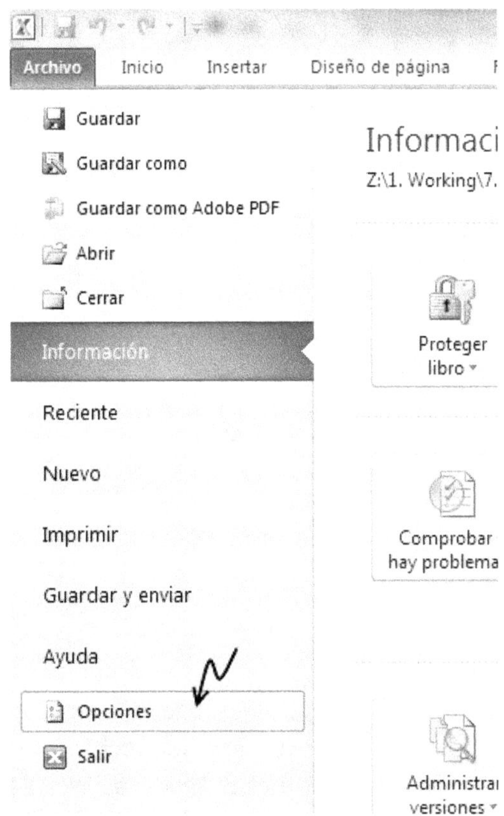

11. En avanzadas, asegúrate de que tienes la misma selección:

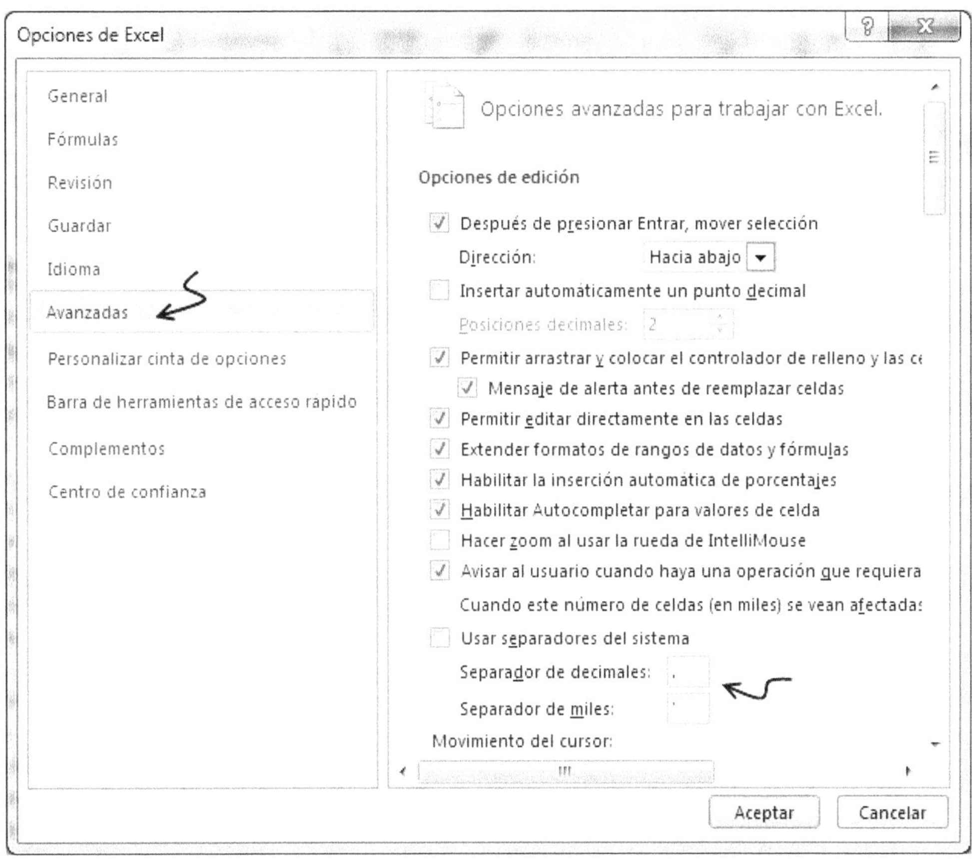

Los pasos en distintas hojas de cálculo y sistemas operativos son diferentes y es imposible cubrirlos aquí, pero ya tienes una idea de qué es lo que tienes que buscar.

12. Para que GPSvisualizer sepa qué es cada columna encabézalas con latitude, longitude y name, exactamente esos nombres:

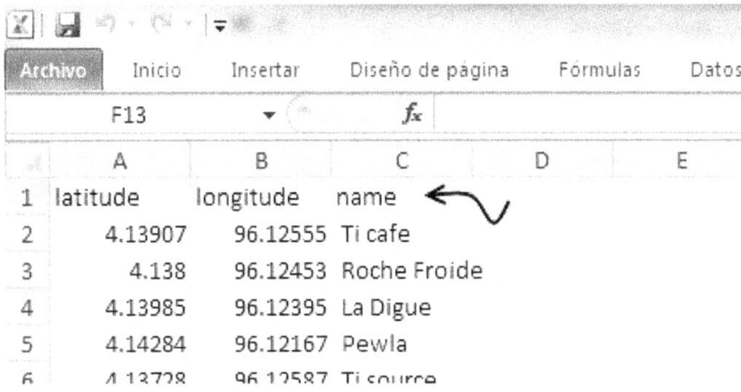

13. Guarda el archivo en formato csv (valores separados por comas).

14. Navega a www.gpsvisualizer.com y selecciona Google Earth KML:

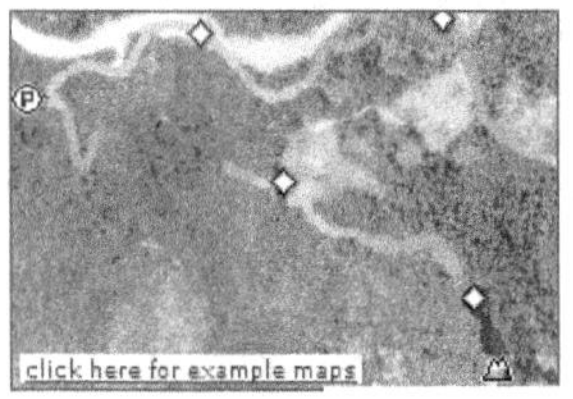

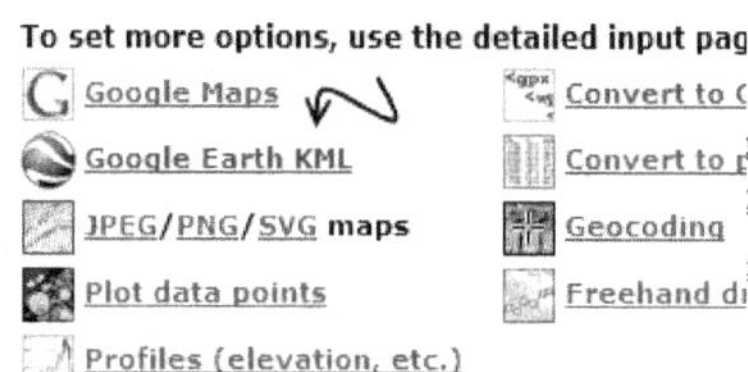

15. Pulsa Browse, selecciona el archivo y pulsa Create KML File:

Si todo fue bien, aparecerá el enlace para descargar o abrir directamente el archivo en Google Earth:

Google Earth output

Your GPS data has been processed. Here's your KML or KMZ file:

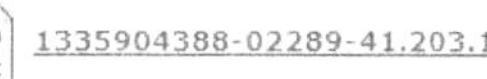

If you've already installed Google Earth, clicking the above link should open problem.

El resultado es este:

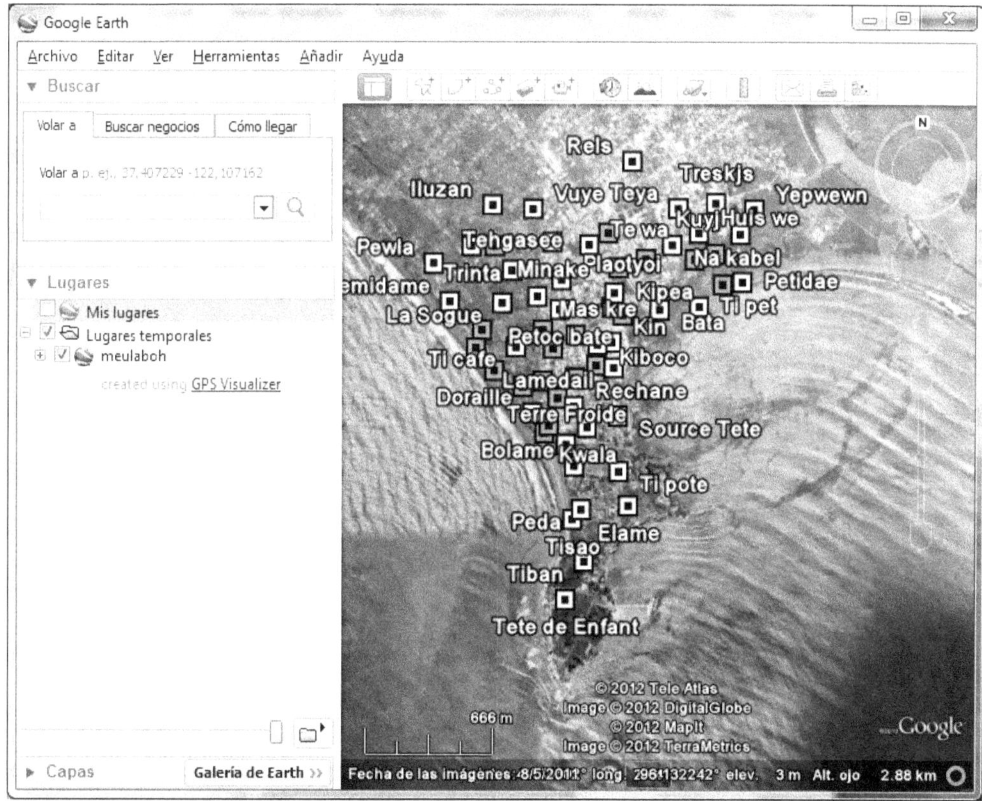

Si algo fue mal, comprueba esta pequeña lista de chequeo con los errores más comunes:

1. Quizás no tienes el GPS con las coordenadas fijadas en grados decimales (ej. 46,95848°).
2. Si tienes puntos por todo el planeta probablemente tienes algunos puntos en los que el separador de miles ha sido interpretado como coma.

3. Si GPSvisualizer te da un error "No valid GPS Data detected!" y no es ninguna de las anteriores comprueba que las columnas de tu fichero están encabezadas con name, longitude, latitude y que no hay ningún error de escritura.

Si por cualquier razón te has atrancado y no encuentras la razón, puedes descargar los ficheros finales de este ejercicio aquí:

www.arnalich.com/dwnl/goops/ex6.zip

© Santiago Arnalich   Arnalich. Water and habitat   www.arnalich.com

Añadiendo color a las marcas de posición

Una vez añadidas las columnas, muestra las marcas según el estado (destruido, a rehabilitar o en funcionamiento).

Puedes añadir tantas columnas como necesites entre la columna name y las de longitude y latitude. La forma de añadir color es crear una columna encabezada con "color". En cada campo lleva el nombre de algún color en inglés (red, blue, green, white, black, yellow, pink…) según la variable que se quiera representar.

Para hacer este cambio de manera automática se añade en Excel una función condicional similar a esta:

=SI(C2="ko";"red";SI(C2="rehab";"yellow";SI(C2="ok";"green")))

En otras palabras, si el pozo esta ko será rojo, si necesita rehabilitación será amarillo y si está ok será verde.

1. Descarga el fichero con las columnas ya preparadas:

www.arnalich.com/dwnl/goops/meulaboh7.csv

2. Añade una columna llamada color:

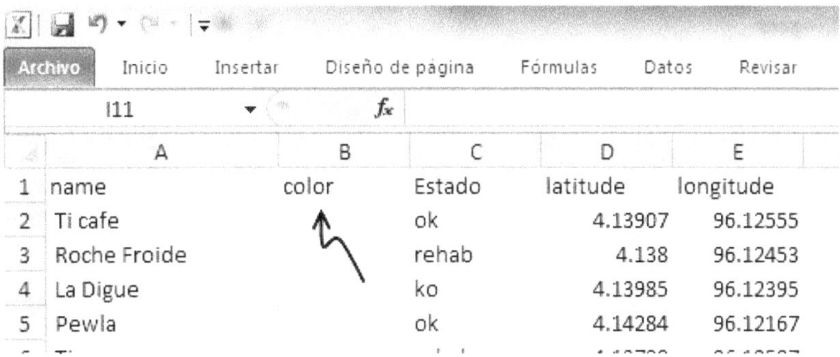

3. En la primera celda, teclea la línea condicional:

=SI(C2="ko";"red";SI(C2="rehab";"yellow";SI(C2="ok";"green")))

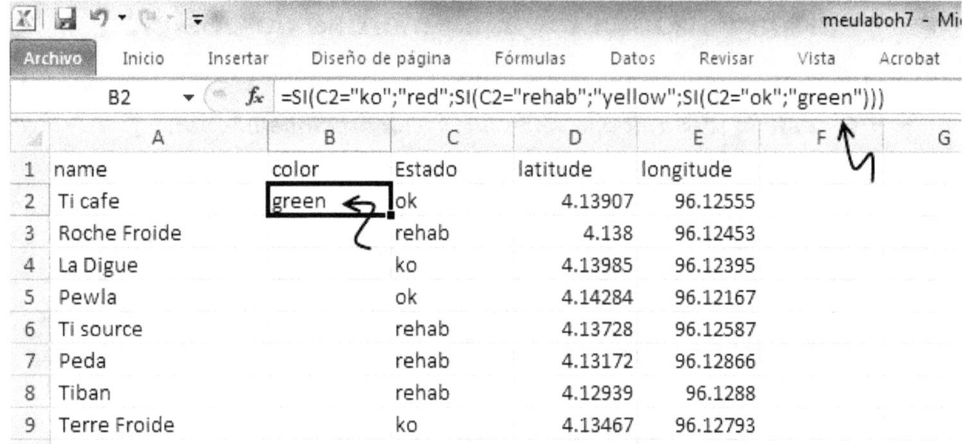

Al meter la fórmula si el campo C2 es ok tomará el valor green. Si la columna Estado hubiera estado en la columna E, por ejemplo, entonces el valor sería E2.

4. Arrastra la fórmula al resto de la columna. Para ello, pon el cursor sobre la esquina inferior derecha hasta que cambie a una cruz negra, entonces pincha y, sin soltar, arrastra hasta que la última fila. Las celdas toman los valores automáticamente:

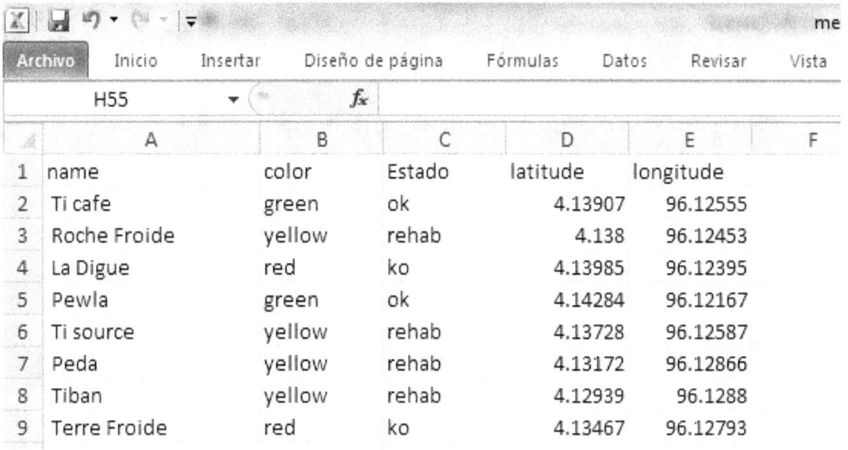

5. Guarda el fichero.

6. Ve a GPSvisualizer y selecciona Google Earth KML como hiciste en el ejercicio anterior.

En los siguientes pasos vas a mejorar el aspecto del mapa aumentando la precisión y evitando la saturación en la imagen:

7. En la siguiente pantalla, en Waypoint options, selecciona Paddle como símbolo, que es más preciso que el cuadrado que viene por defecto:

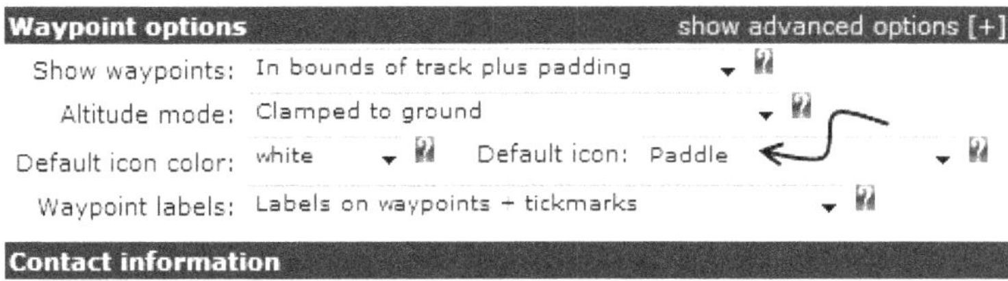

8. En el desplegable inmediatamente debajo, cambia el campo Waypoint labels a Mouse-overs only, con esto evitas saturar de etiquetas el mapa.

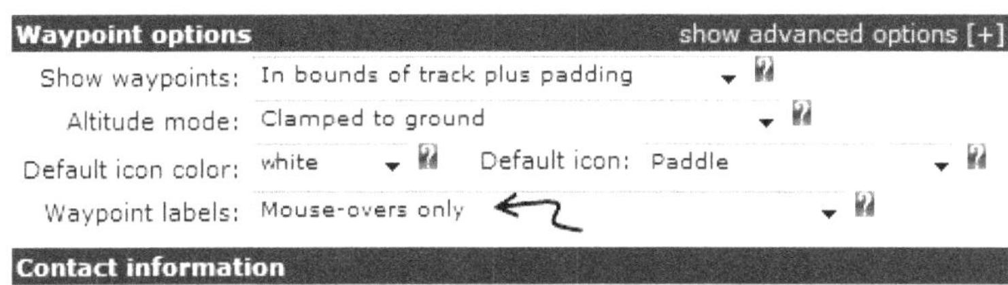

9. En Browse carga el fichero que acabas de crear y pulsa Create KML file.

Mientras el nombre del archivo fuente sea el mismo, no necesitas cargarlo otra vez en Browse, lo recuerda de una vez para otra. Solo tienes que ir hacia atrás en el navegador y volver a pulsar Create KML cada vez que hayas modificado el archivo fuente

Observa que los ficheros csv una vez que los guardas, ya no tienen la fórmula, solo los valores que creó.

El resultado se muestra en la página siguiente. Puedes descargar los resultados de este ejercicio aquí:

www.arnalich.com/dwnl/goops/ex7.zip

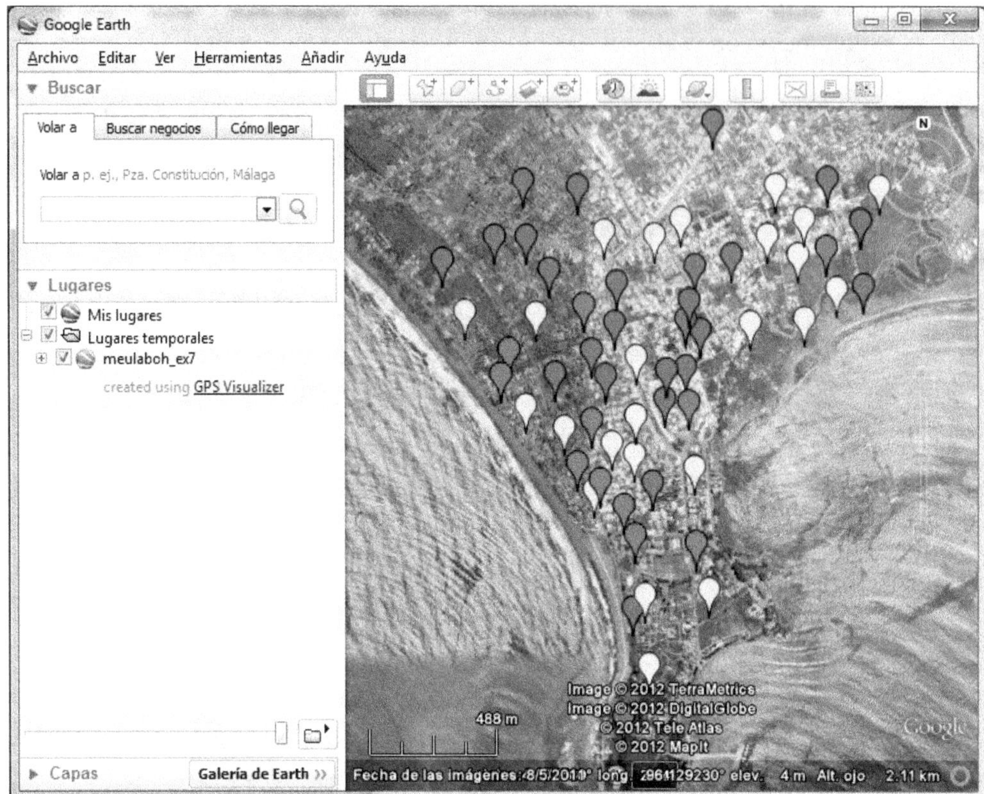

Estos son algunos de los colores que puedes usar. Si tienes la versión de este libro impresa en blanco y negro, puedes obtener la imagen en:

www.arnalich.com/dwnl/goops/GEcolors.png

Añadiendo una leyenda

Añade una leyenda al mapa creado en el ejercicio anterior.

Las leyendas se añaden en forma de imagen superpuesta, es decir, primero tienes que crear una imagen con la leyenda, el título, y cualquier otra información que sea necesaria y luego enlazarla con un fichero kml que Google Earth reconozca.

1. Prepara la imagen que necesites en un programa cualquiera de edición de imágenes. En este ejercicio, vamos a usar la que se muestra a la derecha.

   No intentes hacer leyendas muy grandes porque taparán demasiado la pantalla.

   Tampoco te esmeres en gran medida, porque desafortunadamente Google Earth las hace algo borrosas salvo que se use la función superoverlay que es bastante laboriosa y compleja.

**Estado de los pozos
tras el Tsunami en Meulaboh**

 Pozo en buen estado

 Pozo a rehabilitar

 Pozo destruido

10 ene 05

¡Todos los datos son ficticios!

2. El segundo paso sería subirla a un servidor de internet para que esté disponible para todo el que abra el fichero. Puedes intentar numerosos servicios, Flickr, Picassa, etc., para esto. En este caso, la imagen ya está en un servidor con la siguiente ruta:

   http://www.arnalich.com/dwnl/goops/leyenda.png

3. Abre un documento en blanco con el bloc de notas, y copia y pega en él el siguiente código:

```
<?xml version="1.0" encoding="UTF-8"?>
<kml xmlns="http://www.opengis.net/kml/2.2">
 <ScreenOverlay>
  <name>Leyenda</name>
  <Icon>
```

```
<href>http://www.arnalich.com/dwnl/goops/leyenda.png</href>
</Icon>
<overlayXY x="0" y="1" xunits="fraction" yunits="fraction"/>
<screenXY x="0" y="1" xunits="fraction" yunits="fraction"/>
<rotationXY x="0" y="0" xunits="fraction" yunits="fraction"/>
<size x="0" y="0" xunits="fraction" yunits="fraction"/>
</ScreenOverlay>
</kml>
```

El programa lo encuentras en > Inicio / Accesorios / Bloc de notas:

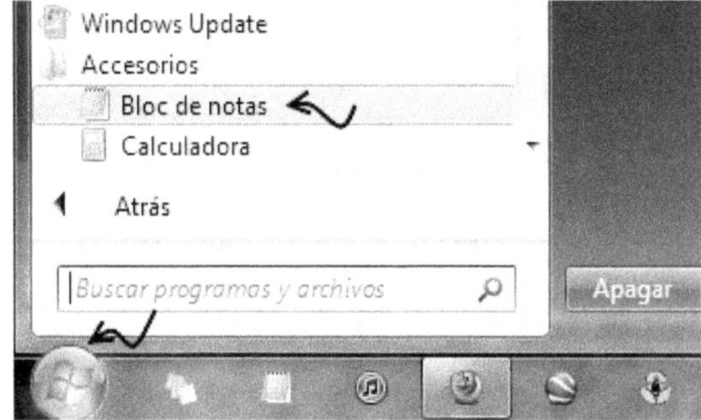

Observa que en <href> debes poner la ruta de la imagen. En un caso real pondrías la url de donde haya subido la imagen:

```
leyenda: Bloc de notas

Archivo  Edición  Formato  Ver  Ayuda
<?xml version="1.0" encoding="UTF-8"?>
<kml xmlns="http://www.opengis.net/kml/2.2">
  <ScreenOverlay>
    <name>Leyenda</name>
    <Icon>
      <href>http://www.arnalich.com/dwnl/goops/leyenda.png</href>
    </Icon>
    <overlayXY x="0" y="1" xunits="fraction" yunits="fraction"/>
    <screenXY x="0" y="1" xunits="fraction" yunits="fraction"/>
    <rotationXY x="0" y="0" xunits="fraction" yunits="fraction"/>
    <size x="0" y="0" xunits="fraction" yunits="fraction"/>
  </ScreenOverlay>
</kml>
```

4. Guarda el archivo como kml. Para ello cambia en el desplegable a la opción todos los archivos y añade .kml al nombre:

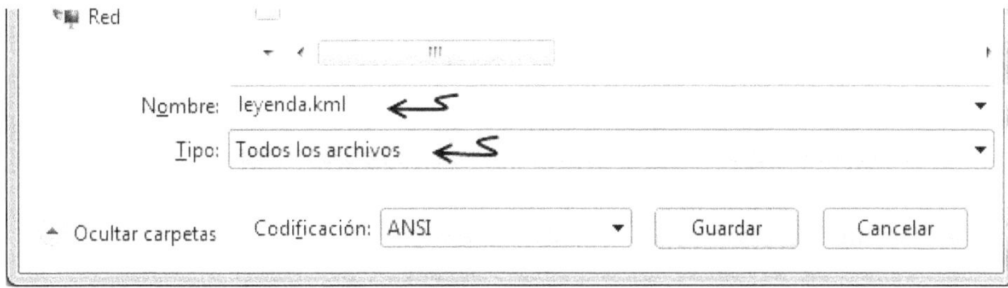

5. Abre el archivo creado en el ejercicio 7 con Google Earth y abre también la leyenda. Ten paciencia que la imagen puede tardar unos segundos en descargarse del servidor. El resultado es este:

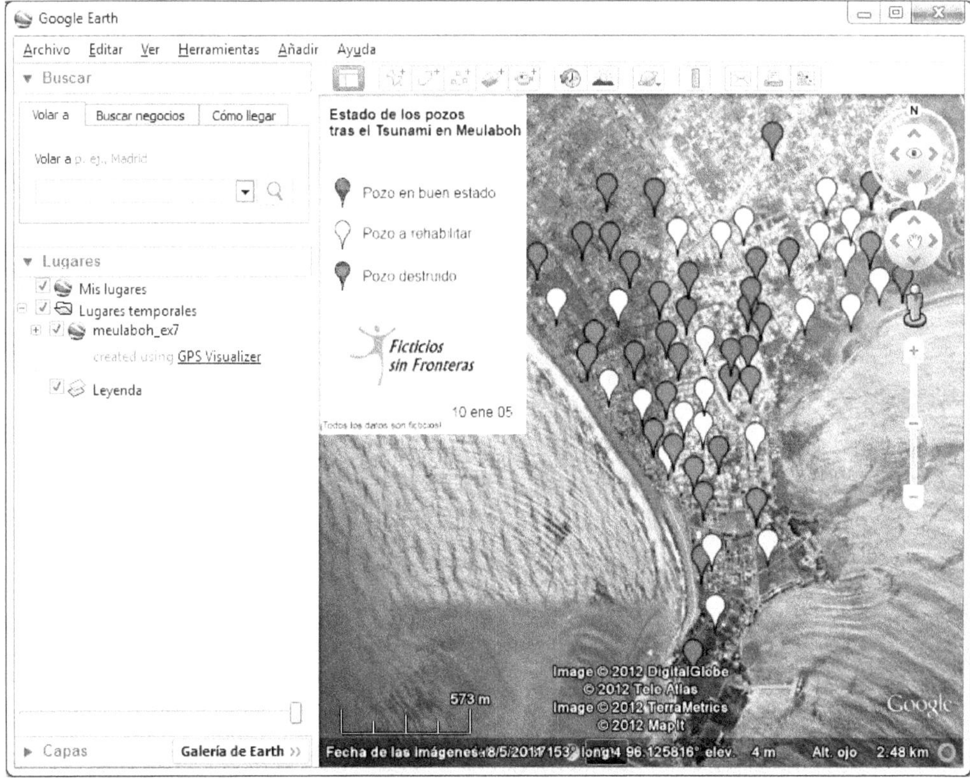

6. Para que sea más práctico, falta unificar la leyenda y los puntos en un solo fichero. Para hacerlo, pincha sobre lugares temporales para seleccionarlo y luego ve a > Archivo/ Guardar /Guardar lugar como:

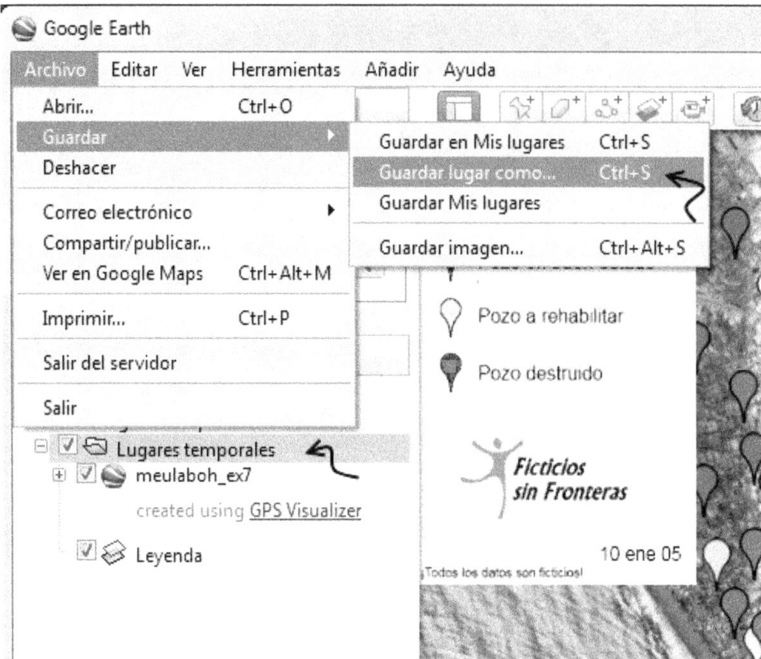

Puedes descargar los resultados de este ejercicio aquí:

www.arnalich.com/dwnl/goops/ex8.zip

Asegúrate que la leyenda incorpora toda la información necesaria para que sea útil. Un mapa con marcas de colores sin más es absolutamente inservible. Nadie sabe qué es qué, si la información es aun relevante, etc. A modo de lista de chequeo, decide si el mapa que produces:

- ✓ Lleva un título que transmite una idea.
- ✓ Identifica a la organización que lo produce.
- ✓ Está fechado e indica si es parte de una serie.
- ✓ Lleva avisos de descarga apropiados, por ejemplo, sobre reconocimiento de fronteras.
- ✓ Menciona las fuentes de información usadas.
- ✓ Explica la leyenda.

Añadiendo color según cantidades

Crea un mapa de salinidad de los pozos para saber cuáles hay que achicar con una bomba para quitar el agua del mar.

El caso es muy parecido al del ejercicio 7, solo que esta vez se van a dar colores según un rango de valores. Para la salinidad se va a considerar que valores por debajo de 750 eran normales antes del tsunami, de 750 a 1500 están aumentados pero el agua todavía es potable y por encima de 1500 el agua no es potable.

Para hacer este cambio se añade en Excel una función condicional similar a esta:

=SI(C2<750;"aqua";SI(C2<1500;"teal ";SI(C2>=1500;"black";"")))

En esta función las condiciones están anidadas. Funciona de la siguiente manera: primero pregunta SI C2 es menor que 750. Si es verdadero anota el color aqua. Si es falso, en lugar de poner otro valor, vuelve a preguntar y así sucesivamente se pueden incorporar tantos intervalos como se quiera. La coletilla ;"" al final es para que se quede en blanco si hubiera algún error.

1. Descarga el fichero con la información que necesitas:

www.arnalich.com/dwnl/goops/meulaboh9.csv

2. Añade una columna color.

3. Teclea la fórmula en la primera celda y extiende hacia abajo.

=SI(C2<750;"aqua";SI(C2<1500;"teal ";SI(C2>=1500;"black";"")))

4. Guarda el fichero para poderlo usar con GPSvisalizer.

5. Crea el KML con GPSvisualizer.

6. Crea una leyenda. La ruta de la imagen es:

http://www.arnalich.com/dwnl/goops/leyendasalinidad.png

7. Unifica mapa y leyenda en un único fichero. Intenta darle el nombre "Salinidad de los pozos" en la tabla de lugares:

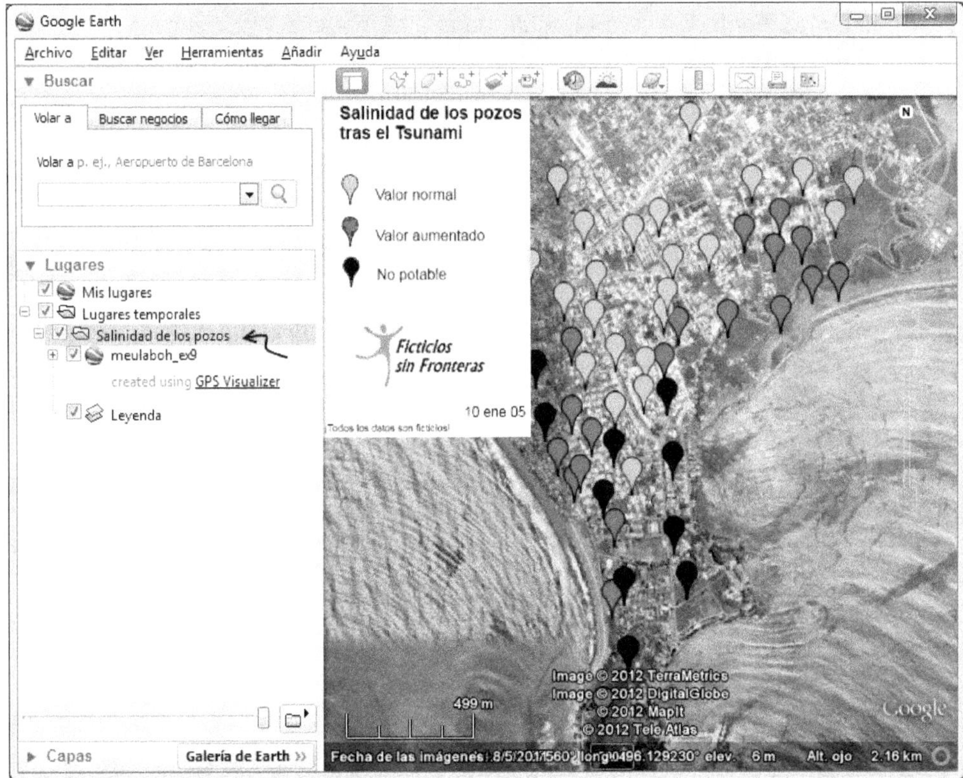

Con un mapa así es mucho más fácil planificar. Por ejemplo, se puede proponer limpiar primero los pozos en negro dejando entre sí cierta distancia para que la población tenga al menos un pozo cercano donde tomar el agua.

Puedes descargar los resultados de este ejercicio aquí:

www.arnalich.com/dwnl/goops/ex9.zip

Clasificando en carpetas

Crea un mapa con carpetas que contengan los pozos según su turbidez y muestren el estado en forma de colores.

Para crear carpetas de puntos se debe crear una nueva columna encabezada con "folder". El agua se clasifica como clara si tiene menos de 5 NTU y por tanto se puede clorar eficazmente y como turbia si tiene más. Es un ejercicio muy sencillo.

1. Descarga el fichero con la información que necesitas:

www.arnalich.com/dwnl/goops/meulaboh10.csv

2. Crea una nueva columna y teclea folder en su primera casilla:

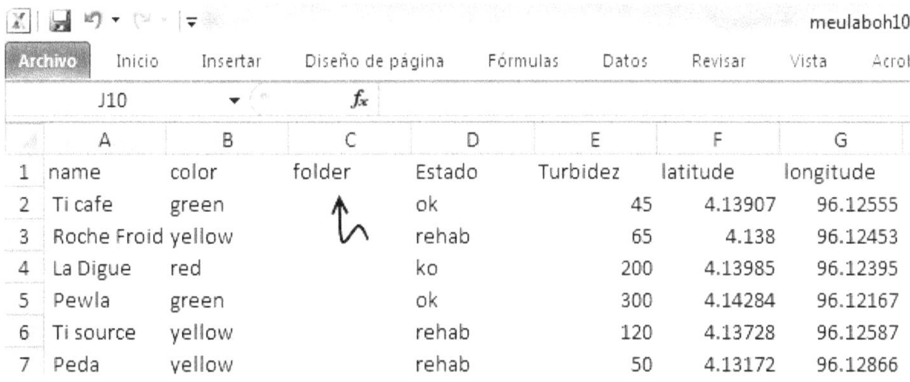

	A	B	C	D	E	F	G
1	name	color	folder	Estado	Turbidez	latitude	longitude
2	Ti cafe	green		ok	45	4.13907	96.12555
3	Roche Froid	yellow		rehab	65	4.138	96.12453
4	La Digue	red		ko	200	4.13985	96.12395
5	Pewla	green		ok	300	4.14284	96.12167
6	Ti source	yellow		rehab	120	4.13728	96.12587
7	Peda	yellow		rehab	50	4.13172	96.12866

3. Crea y extiende la fórmula que asigna los valores de turbidez en la columna folder:

=SI(E2<5; "clara"; "turbia")

4. Crea el fichero Kml con GPSvisualizer.

5. Abre el fichero y pulsa + en Lugares:

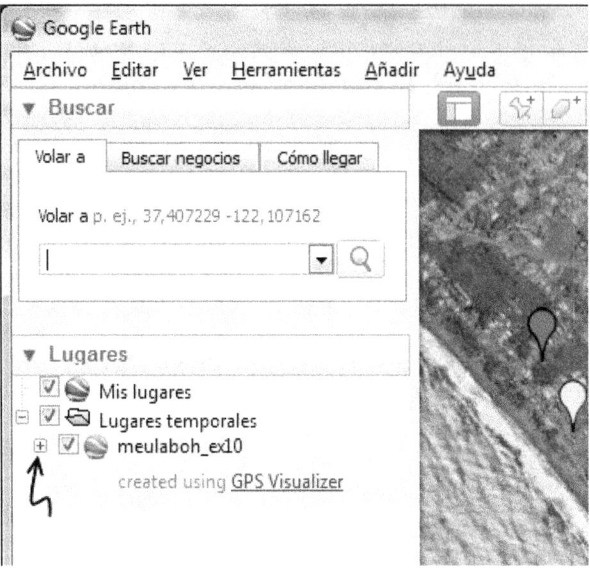

Al pulsar el + se despliegan las dos carpetas que has creado:

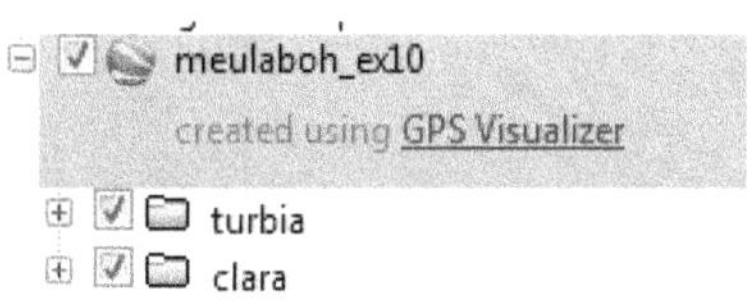

Si desmarcas la casilla turbia, desaparecerán todos los pozos que tengan el agua turbia del mapa.

10. Cambia el nombre a la capa por "Estado vs Turbidez":

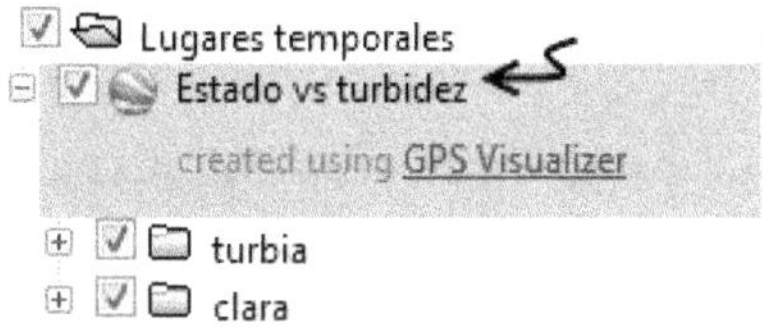

11. Añade la leyenda del estado de pozos y guarda el archivo resultante. El resultado se muestra en la página siguiente y lo puedes descargar en:

www.arnalich.com/dwnl/goops/ex10.zip

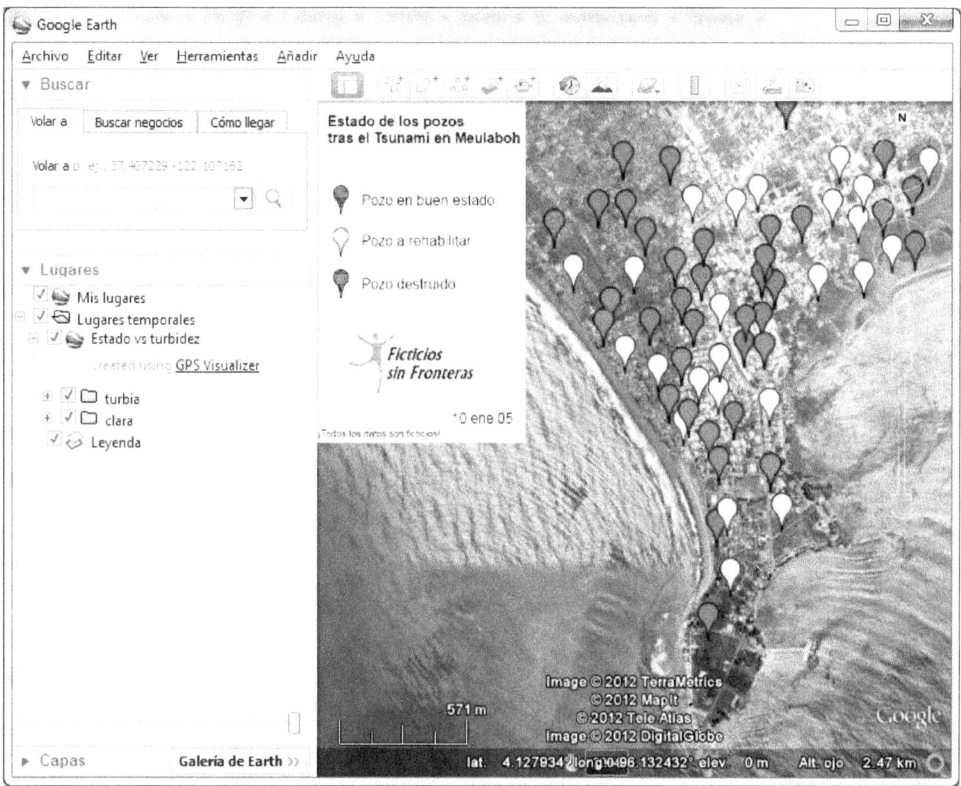
Google Earth
Archivo   Editar   Ver   Herramientas   Añadir   Ayuda
Buscar
Volar a   Buscar negocios   Cómo llegar
Volar a p. ej., 37.407229 -122.107162
Lugares
Mis lugares
Lugares temporales
Estado vs turbidez
created using GPS Visualizer
turbia
clara
Leyenda
Capas   Galería de Earth >>
Estado de los pozos
tras el Tsunami en Meulaboh
Pozo en buen estado
Pozo a rehabilitar
Pozo destruido
Ficticios
sin Fronteras
10 ene 05
¡Todos los datos son ficticios!
N
Image © 2012 TerraMetrics
© 2012 MapIt
© 2012 Tele Atlas
Image © 2012 DigitalGlobe
571 m
Google
lat   4.127934° long 0496.132432° elev   0 m   Alt. ojo   2.47 km

Añadiendo subcarpetas

Crea un mapa que clasifique los pozos según turbidez y salinidad a la vez que muestra el estado con colores.

Para crear carpetas dentro de carpetas añade "\" entre los valores dentro de la carpeta folder, por ejemplo, en la casilla C32 es turbia/dulce.

Para hacer este cambio automáticamente se añade en Excel una función concatenar similar a esta:

=CONCATENAR(SI(F2<5; "clara"; "turbia");"\";SI(E2<1500; "dulce"; "salada"))

Esta fórmula busca el valor de turbidez, le añade "\" y añade el valor de salinidad. Para simplificar las cosas, ahora sólo interesa saber si el agua es dulce o demasiado salada para el consumo.

1. Descarga el fichero con la información necesaria:

www.arnalich.com/dwnl/goops/meulaboh11.csv

2. Añade una columna folder.

3. Teclea la fórmula en la primera celda y extiende hacia abajo.

=CONCATENAR(SI(F2<5; "clara"; "turbia");"\";SI(E2<1500; "dulce"; "salada"))

Si todo fue bien aparecerán valores separados por barras como en la imagen:

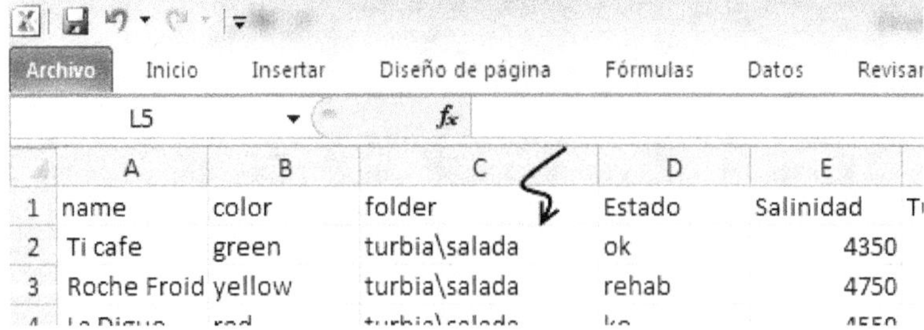

4. Crea el fichero Kml.

5. Abre el fichero Kml y añade la leyenda.

6. Guarda todo como un mapa único. Pulsa + para abrir las subcarpetas:

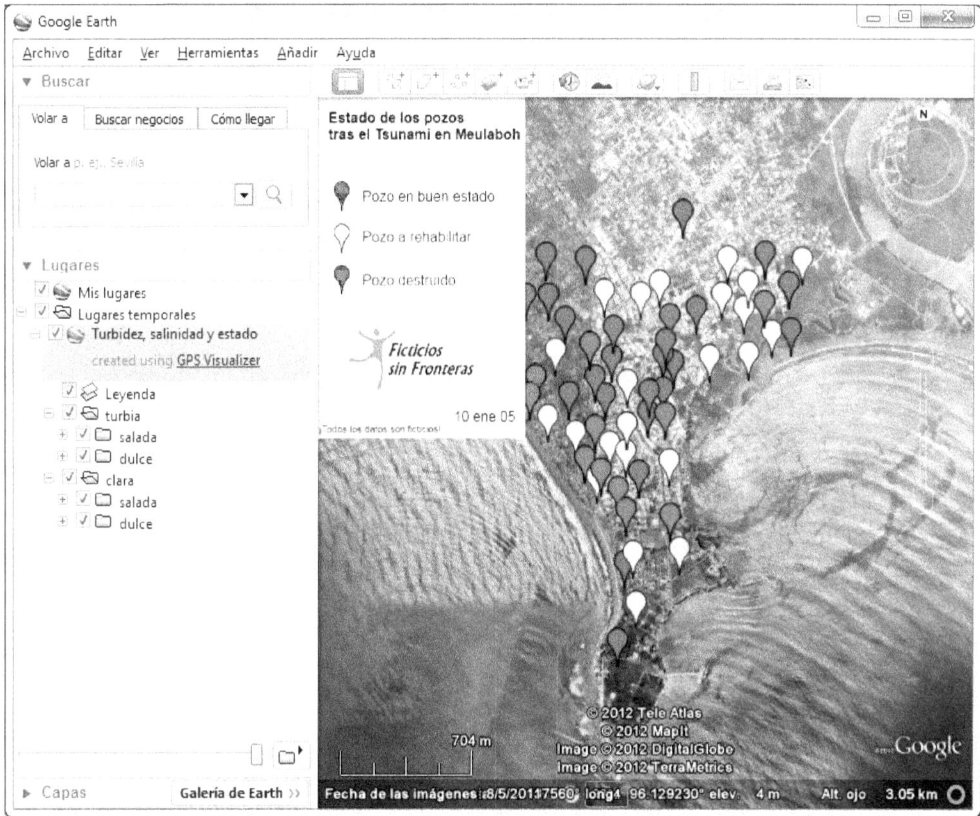

Puedes descargar los archivos resultantes en:

www.arnalich.com/dwnl/goops/ex11.zip

Creando mapas para un sitio web

Crea un mapa que muestre el tamaño de los campos de desplazados.

A veces no quieres un KML, sino que cualquiera, aunque no tenga instalado Google Earth, pueda ver un mapa en la web e interactuar con él.

1. Descarga el fichero con las columnas ya preparadas:

www.arnalich.com/dwnl/goops/meulaboh_campos.csv

2. En www.gpsvisualizer.com pincha esta vez en Google Maps:

3. Selecciona Quantitative data:

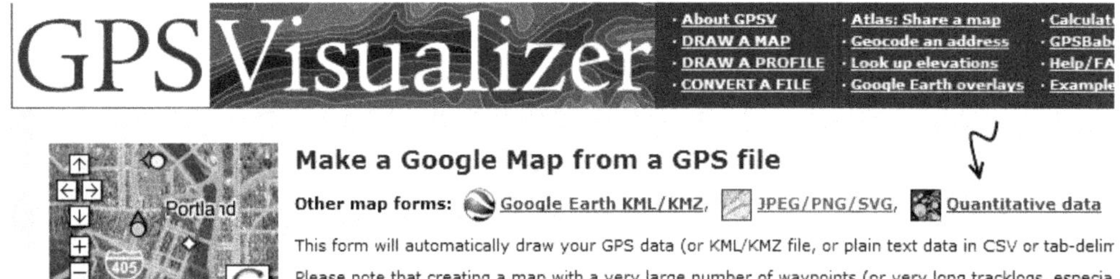

4. Pulsa Browse y selecciona el fichero fuente que acabas de descargar.

5. Rellena los campos que muestran las flechas como en la imagen para que el tamaño de punto y el color dependan de la población de cada campo (Size).

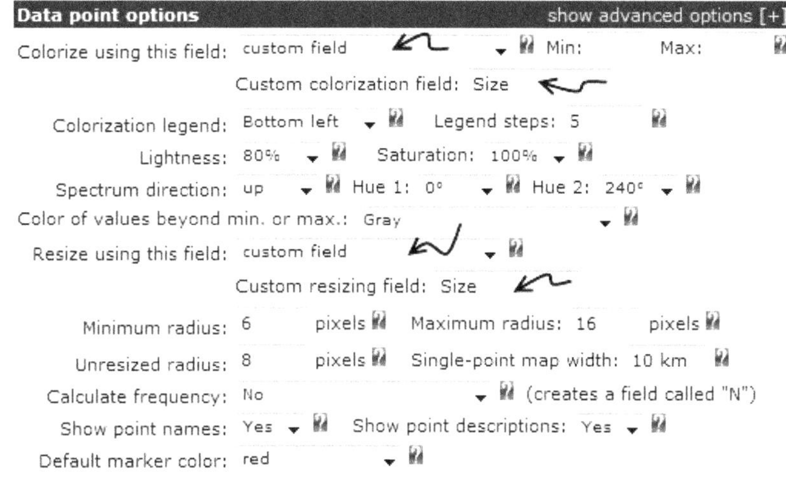

6. Pulsa Draw the map para ver el resultado:

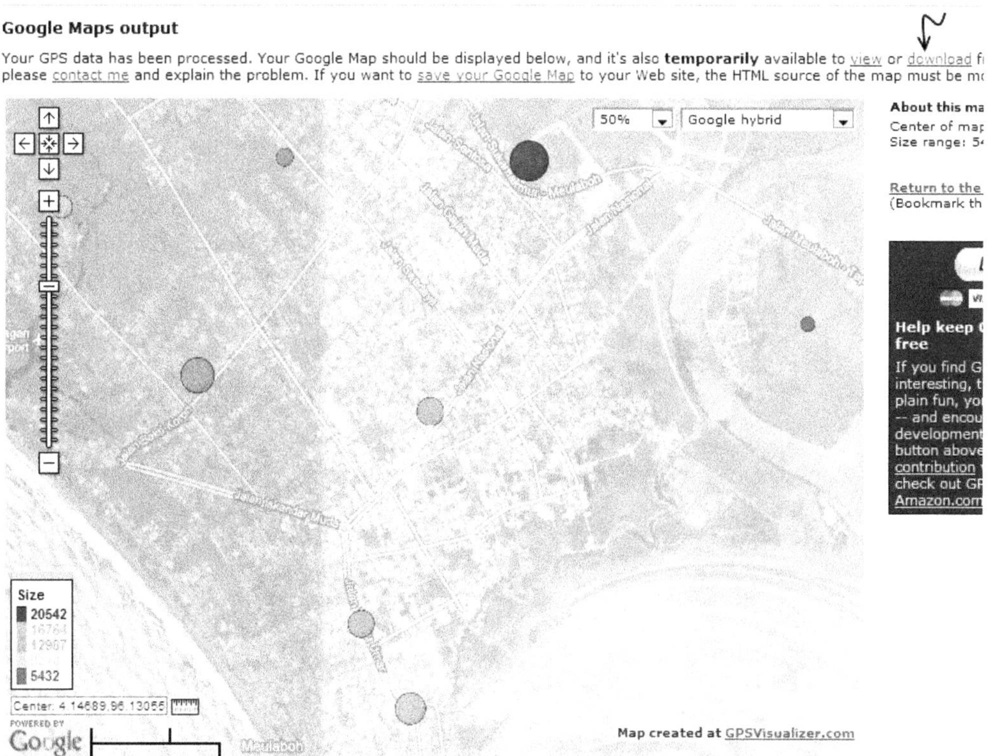

Pulsando download puedes descargar el mapa para incorporarlo a cualquier web.

Leyendo los datos en el globo informativo

Añade información sobre los puntos a los globos informativos del mapa creado en el ejercicio 11.

Al pinchar con el ratón sobre una de las marcas aparece un globo informativo que muestra la información que hay disponible sobre el punto:

Tal y como está ahora no es muy informativo. Lo interesante sería que mostrara todos los datos de turbidez, salinidad, etc. De eso trata este ejercicio.

1. En GPSvisualizer, carga en Browse el fichero meulaboh11.csv que descargaste en el ejercicio 11.

2. En Waypoint options, pulsa + para desplegar las opciones avanzadas:

En el campo Synthesize description irá un pequeño código que vas a preparar a continuación, que añadirá los datos al globo.

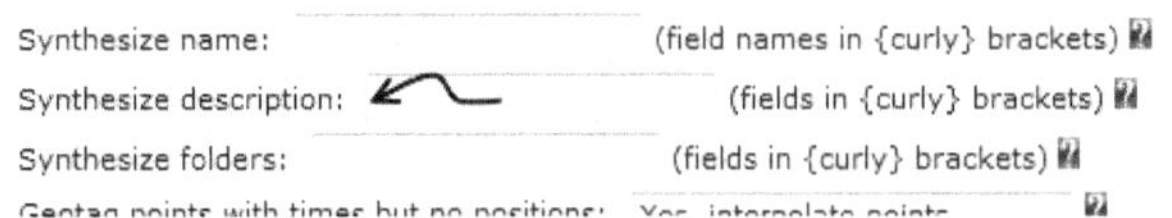

3. Abre un procesador de textos cualquiera, por ejemplo Word.

Vas a escribir siguiendo esta rutina para cada columna que quieras mostrar:

<b>Nombre del campo: </b> {nombre de la columna} Unidad de medida

Las etiquetas <b> y </b> ponen en negrita lo que este entre ellas y <br> inserta un salto de línea.

Para la primera columna el nombre de campo es Estado y la columna en Excel se llama igual. No hay unidades por lo que el código quedaría:

<b>Estado: </b> {Estado}

La segunda columna es salinidad y al añadírsela a la anterior quedaría:

<b>Estado: </b> {Estado}
 <b>Salinidad: </b> {Salinidad} microS/m

La última es Turbidez, con unidades en NTU:

<b>Estado: </b> {Estado}
 <b>Salinidad: </b> {Salinidad} microS/m
<b>Turbidez: </b> {Turbidez} NTU

4. Copia este código en el campo Synthesize description y crea el KML. Pincha sobre uno de los puntos para ver sus propiedades:

Descarga el resultado en: www.arnalich.com/dwnl/goops/ex13.zip

4

Compartir

Compartir los mapas creados es muy sencillo. Hay numerosas formas y cada organización o persona preferirá una sobre otras. La idea no es hacer una revisión exhaustiva de posibilidades, que de cualquier manera cambiarán en algunos meses. La idea es presentar algunas de ellas para que cada uno investigue lo que más le interese.

Antes de compartir

No compartas:

- Datos que no sean tuyos o que no tengas permiso para compartir.
- Datos sensibles.
- Información que pueda poner a personas en peligro.
- Información que atente contra la privacidad de las personas.
- …

Aparte de estas recomendaciones de sentido común, recuerda que un mapa es un documento fundamental para la comunicación de ideas. Cuanto más lógico y comprensible sea tu mapa, más útil será. Evita algunos errores frecuentes:

1. **Mapas "pluscuamcompletos"**. Un mapa te sirve para comunicar _una_ idea. Esa idea va en el título. Incluye lo que se necesite y evita una diarrea de ideas innecesarias e información que desinforma.

2. **Mapas de incógnito**. Mapas sin datos fundamentales como fecha, agencia, leyendas, etc.

3. **Mapas de camuflaje**, donde no se ve ni torta por fallos en la escala, la letra o porque se ven preciosos en pantalla pero irán en informes en blanco y negro.

4. **Mapas movedizos**. Si estás mapeando los cambios de una región con el tiempo evita que cada mapa de la serie tenga los colores, la región abarcada, los símbolos, etc. diferentes. La serie debe tener las mismas leyendas para poder interpretar rápidamente los cambios de unos a otros.

5. **Mapas de tu despiste**. En línea con el punto 1, asegúrate de que además de tener claro cuál es la idea que quieres transmitir, la comprendes.

Una lista de correo electrónico o un grupo

Es probablemente una de las opciones más sencillas. Se envían los archivos creados, con la ventaja de que el usuario recibe una notificación cuando hay archivos nuevos.

En el lado negativo:

- No hay un sistema de archivado y búsqueda eficaz.
- Con las cuentas de correo pareciéndose cada vez más a una partida de tetris es muy probable que pase desapercibido o que se deje para… nunca.
- Solo se comparte con usuarios concretos, no con la web.

La lista de correo tiene el potencial de irritar profundamente. Si cada vez que se envía un correo a 200 personas todos empiezan a recibir contestaciones tipo "Hola muy buenas, gracias por el archivo" o "Estoy de vacaciones hasta el 3 de mayo", se convertirá rápidamente en un incordio.

Por otro lado, si simplemente copias las direcciones en el correo electrónico, aunque sea en copia oculta, estás exponiendo a todo el mundo a que le lleguen ofertas para compartir las herencias de príncipes de medio mundo, comprar v1agra y demás spam.

Para evitar estos inconvenientes puedes usar algunos servicios gratuitos. Google, Yahoo! o egrupos, entre muchos otros, ofrecen la posibilidad de crear grupos:

- https://groups.google.com/?hl=es
- http://es.groups.yahoo.com/
- http://www.egrupos.net/groups/

Cuando elijas un servicio no le hagas a la gente perder el tiempo con servicios cerrados, por muy universales que pienses que sean: ¡ni todo el mundo está en Facebook ni puede abrir sus cuentas desde los ordenadores del trabajo. Intenta usar servicios con los que la gente ya este familiarizada.

Si no quieres o no necesitas respuestas puedes usar algunos servicios de marketing. El mejor de ellos probablemente sea www.mailchimp.com

Un blog

En el lado positivo:

- Los contenidos se hacen públicos en general y accesibles a buscadores.
- Permiten dar una cronología de situaciones cambiantes.
- Permiten acompañar la descarga con otros contenidos y vistas previas.
- Aceptan con facilidad un estilo periodístico que promueve la comparación.
- Muy prácticos para una temática única, por ejemplo, seguimiento de una enfermedad.
- Se pueden incorporar funciones de búsqueda.
- Permiten crear un feed que avise de una nueva entrada.
- Permiten incorporar botones para compartir en redes sociales: Twitter, Facebook, Google+, etc., que amplifican la difusión.
- Se pueden crear mapas interactivos como este del ejercicio 12:

  www.arnalich.com/dwnl/goops/ex12.html

En el lado negativo:

- Si hay mapas de muchos temas distintos o sin una cronología clara se vuelve rápidamente desordenado.
- Las entradas antiguas pierden relevancia.
- Mejorar el aspecto requiere conocimientos básicos de html.

Hay muchos servicios de blog gratuitos. Los más comunes son:

- www.blogger.com
- www.wordpress.com

Un sitio web

Las ventajas son parecidas a las del blog, obviando la cronología. La principal diferencia es la posibilidad de crear sistemas de navegación y de archivado más complejos y que no queden relegados al olvido con el paso del tiempo.

En el lado negativo:

- Mejorar el aspecto requiere conocimientos básicos de html y tiempo.

Un ejemplo es la web del museo del holocausto: U.S. Holocaust Memorial Museum: www.ushmm.org/maps/projects/darfur/

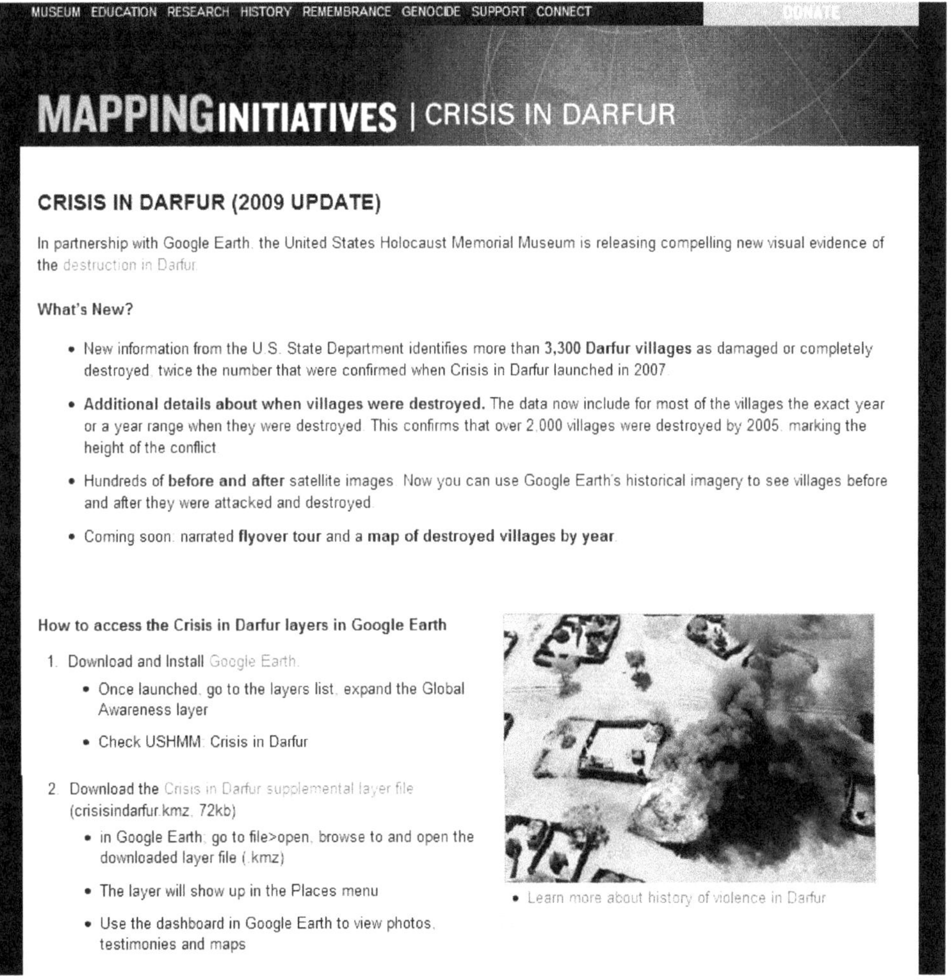

Alojamiento en la nube

Hay muchos servicios que te permiten que una carpeta de tu ordenador se sincronice automáticamente con una copia en un servidor y la puedas compartir con quien desees.

Lo bueno de este sistema es que no requiere ningún trabajo, es automático. Lo malo es que pierdes todas las funciones para compartir en la red que tienes en un blog o sitio web.

La opción más conocida es probablemente www.dropbox.com, que permite hasta 2 gb. de manera gratuita. Este sitio tiene infinidad de tutoriales sobre cómo usarlo y es muy sencillo.

Básicamente en la carpeta llamada Dropbox que crea Dropbox, puedes tener otra con los mapas. Por ejemplo, aquí se ha creado la carpeta Meulaboh maps que tiene un símbolo con flechas de color azul porque se está sincronizándose automáticamente tras añadir un mapa:

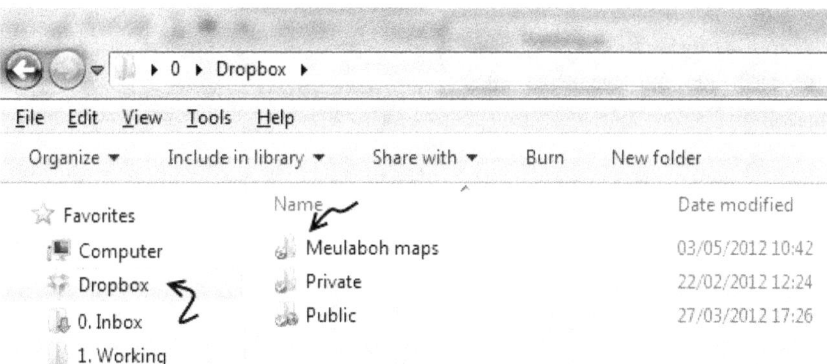

Cuando las personas con las que compartes la carpeta abran su ordenador, el contenido de la carpeta se le actualizará automáticamente.

5

Colaborar

Nuevamente hay numerosas formas y cada organización o persona preferirá una sobre otras. Aquí se va a describir, a modo de ejemplo, cómo hacerlo con Google Docs sin que eso implique que sea mejor o peor. Los procedimientos serán parecidos para otros servicios.

Antes de colaborar

Colaborar requiere gente motivada y disciplinada, instrucciones y objetivos claros y una serie de reglas para evitar el caos. No esperes que la gente vaya a colaborar espontáneamente de manera organizada. Algunos consejos:

1. Acordad un **responsable** o administrador general.

2. Mantened las cosas lo más **sencillas** posible. ¡Cuidado con la tecnofilia!

3. Acordad **plantillas** de qué datos hacen falta y en qué orden, para evitar tener que manipular los documentos.

4. Recoged **la menor información posible**, solo aquella que es genuinamente útil y que se puede recoger **sin lagunas** y con un esfuerzo razonable y sostenible aun cuando el subidón de motivación inicial se haya diluido.

5. Cread un pequeño documento o **tutorial** que explique cómo hacer los cambios de manera práctica y tomad tiempo con cada nuevo colaborador para introducirlo pacientemente al sistema.

6. Cread unas **reglas para nombrar los documentos y archivarlos**. Un sistema en el que todo está dentro de carpetas llamadas María o Mapas, y los mapas se llaman Prueba5.kml, RWS.kml es completamente inservible. Los usuarios deben saber de qué trata el mapa antes de abrirlo. Un ejemplo puede ser:

    20070328 Salinidad vs turbidez pozos Meulaboh.kmz

    El primer número es la fecha, que puesta así tiene la ventaja de que los mapas se ordenan automáticamente según la fecha en cada carpeta.

7. Crea una carpeta **Sandbox**, donde los usuarios puedan hacer pruebas sin riesgo de romper nada ni que los resultados se confundan con datos de verdad. ¡Pocas cosas matan más rápido un sistema!

8. Establece una rutina de **copias de seguridad** adecuada a la frecuencia de cambios para evitar que un zarpazo involuntario dé al traste con los esfuerzos.

Colaborando con Google Docs

Google Docs permite subir una hoja Excel y que numerosas personas, hasta 50 a la vez, puedan editarla simultáneamente viendo los cambios introducidos por los demás a tiempo real. El proceso es el siguiente:

1. Necesitas una cuenta en gmail. Si ya la tienes accede a ella, si no es el caso puedes crearla en http://mail.google.com.

2. Selecciona docs en la cinta superior:

3. Pincha sobre el icono para subir un fichero y selecciona Archivos. Después navega hasta el fichero de datos.

4. En el diálogo que se abre es importante que selecciones Convertir documentos, presentaciones… Sin esa selección puedes subir el archivo pero no podrás editarlo:

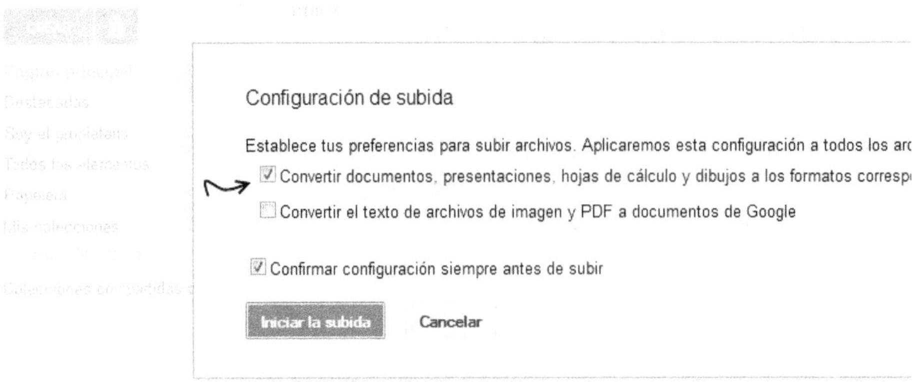

5. Una vez cargado el archivo pulsa editar:

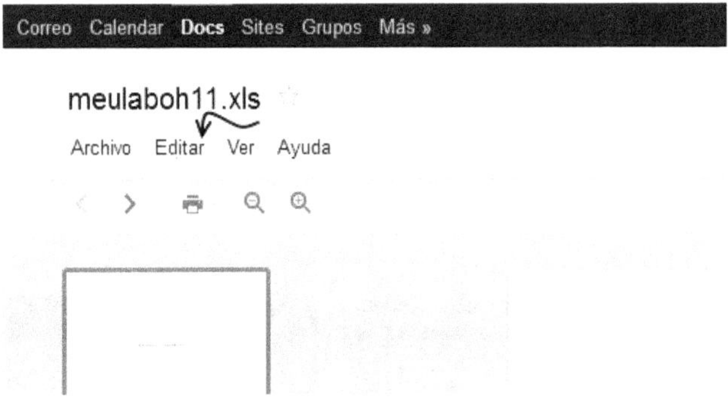

La hoja se cargará y está lista para editar:

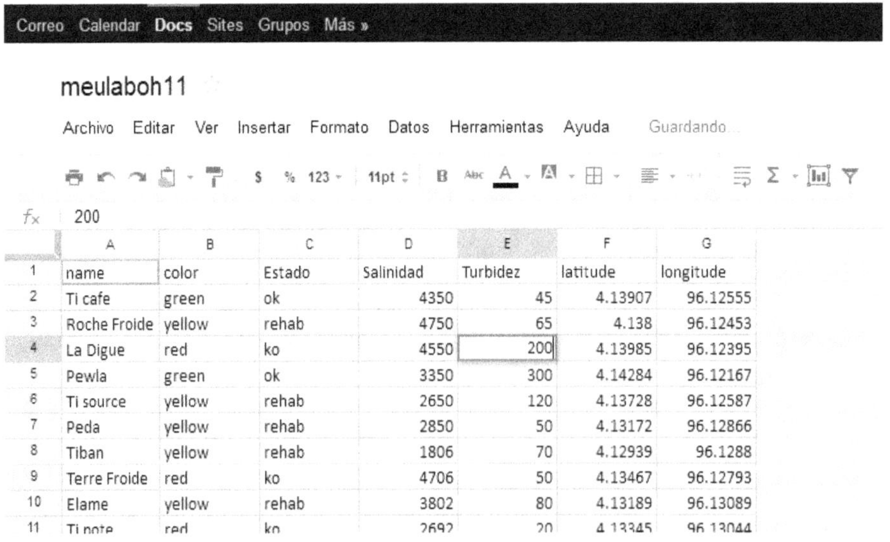

	A	B	C	D	E	F	G
1	name	color	Estado	Salinidad	Turbidez	latitude	longitude
2	Ti cafe	green	ok	4350	45	4.13907	96.12555
3	Roche Froide	yellow	rehab	4750	65	4.138	96.12453
4	La Digue	red	ko	4550	200	4.13985	96.12395
5	Pewla	green	ok	3350	300	4.14284	96.12167
6	Ti source	yellow	rehab	2650	120	4.13728	96.12587
7	Peda	yellow	rehab	2850	50	4.13172	96.12866
8	Tiban	yellow	rehab	1806	70	4.12939	96.1288
9	Terre Froide	red	ko	4706	50	4.13467	96.12793
10	Elame	yellow	rehab	3802	80	4.13189	96.13089
11	Ti note	red	ko	2692	20	4.13345	96.13044

Compartir un documento

6. Para compartir un documento pincha compartir en la esquina superior derecha:

7. Mantén el documento como Privado e introduce las direcciones de las personas que quieres que puedan editarlo en la casilla inferior:

Exportar como csv

8. Ve a > Archivo / Descargar como / CSV (hoja actual) para descargar el archivo en formato CSV para utilizar con GPSvisualizer:

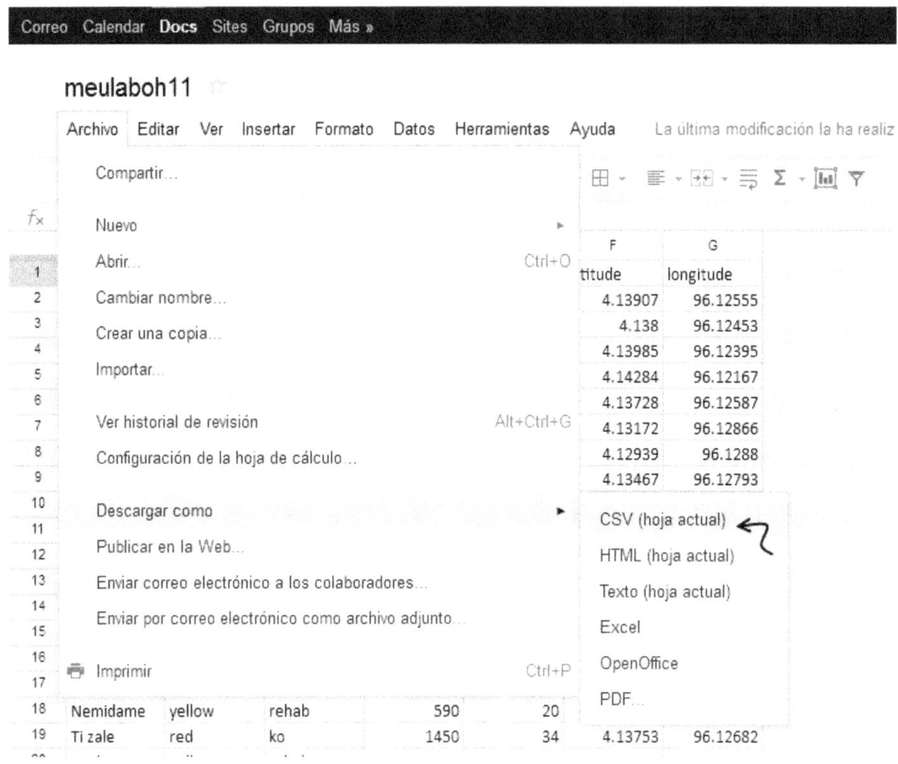

Eso es todo, ya tienes las herramientas para crear compartir y colaborar con tus propios mapas. Esperamos que te sea de mucha utilidad y que traiga grandes beneficios a las organizaciones y las personas para las que trabajas.

Santiago Arnalich

Entra en contacto con el GPS en el año 1998, durante un viaje en bicicleta por el desierto Islandés. Desde entonces lleva utilizándolo incansablemente para viajar y para la cooperación al desarrollo, explorando los avances disponibles para que crear mapas esté al acceso de un usuario normal. Eso se convierte en realidad con la popularización de Google Earth.

Actualmente es coordinador de Arnalich, Water and habitat. www.arnalich.com.

Julio Urruela

Ha trabajado desde 2005 en cooperación internacional, como investigador, coordinador de proyectos y responsable de gestión de la información. Iniciado en el uso de Google Earth en 2006, en 2010 comenzó a impartir formaciones para las ONG participantes del Cluster WASH en Haití.

Actualmente trabaja en el Fondo de Naciones Unidas para la Infancia (UNICEF), como especialista en Monitoreo y Evaluación.

Bibliografía

1. Arnalich, S. (2007). *gvSIG y Cooperación. Cómo construir e incorporar un Sistema de Información Geográfica a tu proyecto*. Arnalich, Water and Habitat. www.arnalich.com/es/libros.html.

2. Crowder, D. (2007). *Google Earth for Dummies*. Wiley.

3. Garmin etrex User's Manual.

4. Google (2012). *Google Earth User's Manual.*

5. Google Earth Blog: www.gearthblog.com.

6. KML support group: http://groups.google.com/group/kml-support/about.

7. MapAction (2008). *Google Earth and its potential in the humanitarian sector: A briefing paper.*

8. MapAction (2009). *Field Guide to Humanitarian Mapping.*

9. MerciCorps (1999). *A Rough Guide to Google Earth.*

10. Puch, C. (2008). *Manual Completo de GPS*. Desnivel.

11. Wernecke, J. (2008). *The KML Handbook: Geographic Visualization for the Web.* Addison-Wesley Professional.

Versión 1.0

www.ingramcontent.com/pod-product-compliance
Lightning Source LLC
LaVergne TN
LVHW080434200726
843507LV00004B/810

9788461508488